可持续农业社区设计与评价

Sustainable Agricultural Community
Design and Assessment

李长虹　刘丛红　　［美］马克 A. 霍斯泰德　著

中国建筑工业出版社

图书在版编目（CIP）数据

可持续农业社区设计与评价 = Sustainable
Agricultural Community Design and Assessment / 李
长虹，刘丛红，（美）马克 A. 霍斯泰德
（Mark A. Hoistad）著. —北京：中国建筑工业出版社，
2022.10
ISBN 978-7-112-27967-8

Ⅰ. ①可… Ⅱ. ①李… ②刘… ③马… Ⅲ. ①可持续
农业—农村社区—城乡规划—评价 Ⅳ. ①TU984.12

中国版本图书馆CIP数据核字（2022）第184365号

本书以"新型城镇化"建设为时代背景，从规划设计的角度提出"可持续农业社区"这一概念，采取文献研究和调查研究相结合、定性研究和定量研究相结合的研究方法对可持续农业社区的设计模式及评价体系进行了研究。初步建立了可持续农业社区设计研究的框架以及可持续农业社区发展评价指标体系的框架。通过研究以期为实现包括城市与乡村在内的整体环境系统的可持续发展指明方向，为规划师和建筑师提供一种新的城镇化空间设计思路和范例。

本书可供建筑师、城乡规划师以及政府决策者等相关专业人士参考。

责任编辑：许顺法　张　建
版式设计：锋尚设计
责任校对：芦欣甜

可持续农业社区设计与评价

Sustainable Agricultural Community Design and Assessment

李长虹　刘丛红　　〔美〕马克 A. 霍斯泰德　著

*

中国建筑工业出版社出版、发行（北京海淀三里河路9号）
各地新华书店、建筑书店经销
北京锋尚制版有限公司制版
北京建筑工业印刷厂印刷

*

开本：787毫米×1092毫米　1/16　印张：13¼　字数：251千字
2022年12月第一版　　2022年12月第一次印刷
定价：**59.00元**
ISBN 978-7-112-27967-8
（39853）

前　言

全球气候变暖与生态环境的恶化，使得一场国际化的可持续发展运动逐渐展开并延续至今。第七次国家人口普查数据显示，中国2020年总体人口城镇化率已达到63.89%。对比西方发达国家2020年城镇化数据，如美国82.8%，加拿大81.3%，德国76.3%以及英国83.2%，我国的城镇化道路依然任重而道远。本书的研究内容既是对我国城镇化进程中空间形态转变的回顾、评论和思考，更是对可持续城镇化空间设计发展未来趋势的深入探讨。

与当前的城镇化设计及建设实践侧重于如何把传统的农业社区重塑为标准化的现代城市范本截然不同，作者从规划空间设计的角度提出"可持续农业社区"的概念。这是一种新型的社区模式设想，该社区的主要经济以可持续农业以及粮食生产加工为中心，在其空间内部建立"种植—加工—运输"一体化的产业链接。可持续农业社区的构建提出在既有农业社区的空间基础之上，采取"填充式"的设计开发模式，以实现城镇经济效应的人口规模聚集。若干个新型的可持续农业社区组成的既有城市空间外部的区域网络，具有类似卫星城镇的意义。

本书采取文献和调查研究相结合、定性和定量化研究相结合的方法，以期获得研究成果的科学性和客观性。特别是在定量化研究方面，一方面，作者借助空间句法理论及其相关分析软件，从拓扑学的角度深入挖掘存在于传统农业村落空间结构中的自组织机制，以此作为可持续农业社区设计模式研究的起点，并采用轴线分析对案例进行校验，保证填充式开发能够以空间自组织为前提；另一方面，笔者借助网络层级分析法（ANP）及其相关软件，以专家调查问卷为依据，建立了可持续农业社区发展评价指标体系，从经济发展、社会生活以及生态环境三个维度为可持续农业社区的发展提供了相应的决策依据。

可持续农业社区不等同于人们传统认知中的城市和农村，它以农业为主导产业兼具一定规模，并具有一定的联合意义；它在经济和社会水平方面等同于城市，而在空间形态和自然环境方面则保留乡村的优势。可持续农业社区概念的提出是对我国急速城镇化过程的深刻反思，本研究将为实现包括城市与乡村在内的整体环境系统的可持续发展指明方向，其最终研究目的在于为规划师和建筑师提供一种新的城镇化空间设计思路和范例。

本书的出版受到天津市高校"中青年骨干创新人才培养计划"项目资助，同时受到下列课题基金支持：

1. 高等学校学科创新引智计划（课题号 B13011）

2. 天津城镇化与新农村建设研究中心开放基金项目（课题号 TCX201405）

3. 天津市教委科研计划项目（课题号 2017KJ045）

4. 天津市高等学校科技发展基金计划项目（课题号 20140908）

目 录

第 1 章

绪　论

1.1 研究背景

1.1.1 新农村建设——中国城镇化的必经之路

漫长的人类社会发展历史实践表明，城镇化[①]过程具有一定的阶段性；城镇化一般可以定义为"农业土地及人口向非农业的城镇转化的现象和过程"[②]。美国城市地理学家诺瑟姆（Ray M. Northam，美国，1979）在总结欧美城镇化发展历程的基础上，指出城镇化大体分为初期、中期、后期三个阶段（图1-1）：第一是起步阶段，城镇发展速度缓慢，农业居主导性地位，城镇化水平较低，城镇和乡村边界形态趋于稳定；第二是加速阶段，农业人口向城镇快速集聚，城镇发展较快，城镇化水平迅速提高，伴随人口与产业的集中，一些大城市地区开始出现劳动力过剩、住房紧张、交通拥挤、环境恶化等城市病现象，私人汽车的普及促使城市居民、企业逐渐向郊区转移，出现城市范围向外扩张的现象；第三是成熟阶段，城镇人口比重涨幅趋缓或停滞，城镇化水平较高，大城市人口减少，迁往距离城市更远的农村，出现人口向乡村迁移的逆城镇化现象[③]。诺瑟姆将城镇化轨迹描述为"S形曲线"，如图1-2所示，城镇发展的快速提升阶段以城镇化率30%为起点，在时间和空间两个维度上展开；而当城

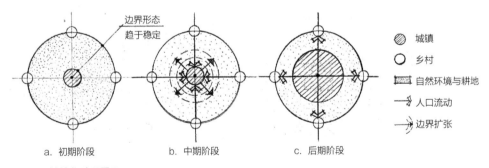

图1-1　城镇化阶段图示
图片来源：作者绘制，根据诺瑟姆城镇化理论相关内容整理

---

① 城镇化（Urbanization）也可译为城市化，《牛津英语大辞典》中Urban一词包含城市（city）和镇（town）两层含义；由于中国建制镇的人口规模通常相当于国外的小城市，并从事非农业活动，因而大多数学者认为中国城市化应包含小城镇的发展，故本研究使用"城镇化"一词，意在表达农村人口不仅向城市集聚，同时向城镇转移的发展过程。

② 李德华. 城市规划原理（第四版）[M]. 北京：中国建筑工业出版社，2010.

③ Ray M. Northam. Urban Geography [M]. John Wiley & Sons Inc, 1979.

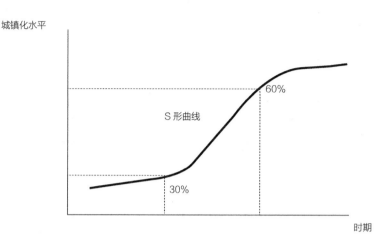

图1-2 城镇化进程的S形曲线
图片来源：李德华. 城市规划原理（第四版）[M]. 北京：中国建筑工业出版社，2001.

镇化率达到60%时，城镇发展进入稳定期。由于各个国家和地区城镇化进程存在阶段性和地域性差异，因而城镇化曲线的形态和长短也存在一定差异。

　　中国地域广袤，历史悠久，是一个处于发展中的农业大国。与国外发达资本主义国家相比，中国的农村现代化与城镇工业化发展进程缓慢；直至改革开放之后，其城镇发展速度才得以加快，至20世纪末城镇化率接近30%。中国的城镇化道路任重而道远，自"十一五"规划纲要（2006）提出将"建设社会主义新农村"作为国家当前的一项重大历史任务以来，翻开了农村城镇化建设的新篇章[1]。 进入城镇发展加速时期的中国，从国家政策方面对农业、农村、农民进行各种帮扶。值得注意的是，虽然农村居民家庭人均收入逐年提高，而农村与城镇居民之间的收入水平差距却拉大，年人均收入比从1978年的1：2.56加大至2021上半年的1：2.70[2]；农业发展出现瓶颈，亟待从农村支持城市、农业支持工业的初始工业化模式向城市反哺农村、工业反哺农业的成熟工业化模式[3]转变（图1-3）。因此，缩小城乡差别、实现城乡一体化，成为我国城镇化进程中的必经之路。

① 寻广新. 统筹城乡视域中的社会主义新农村建设研究 [D]. 北京：中共中央党校研究生院，2007.

② 根据国家统计局相关数据整理。

③ 李建桥. 我国社会主义新农村建设模式研究 [D]. 北京：中国农业科学院研究生院，2009.

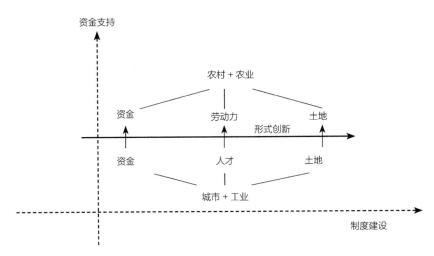

图1-3 成熟工业化模式反哺示意图

图片来源：李建桥. 我国社会主义新农村建设模式研究［D］. 北京：中国农业科学院研究生院，2009.

1.1.2 对"大拆大建"粗放式建设的深刻反思

中国的城镇化率从近30%提升到近70%，各地积极探索城乡统筹、协调的城乡一体化道路，加速了农村城镇化、现代化的进程。我国的城镇体系目前已经初步形成以大城市为中心，中小城市为骨干，小城镇为基础的多层次结构[1]。

天津市2006年作为国家试点，其新农村建设以"宅基地换房"为主要途径，共分"三镇两村"、"九镇三村"以及30个中心镇全面建设三个阶段，规划建成特色突出、产业聚集和生态宜居的新农村社区集群。天津东丽区华明镇作为有代表性的农村城镇化案例，从宜居家园的角度描述了中国探索城镇化以及城乡统筹发展的社会主义新农村建设实践过程。

尽管华明镇对于农村城镇化具有极其重要的意义，但是其实践成果却具有一定的局限性；人们在享受城镇化硕果所带来的愉悦、鼓舞的同时，必须清醒地看到一系列隐藏在持续、快速城镇化背后的社会、环境和经济问题：

（1）首先，新农村建设试点的推行需要时间检验

大多数新农村社区从规划方案到落实一般需要经历1~2年的时间，建成时间较

---

① 郭成铭. 新农村建设规划设计与管理［M］. 北京：中国电力出版社，2008.

短，实施前的政策设想是否能够实现，还有待长期的观察与充分的论证。以华明镇为例，该项目规划始于2005年，启动区于2007年落成，涉及原有12个自然村中约1.3万余户农民的安置和拆迁，工程量浩大[①]。

（2）其次，迁村并点的建设经验不宜机械照搬

单个试点的成功虽然具有一定的示范性效应，但不宜盲从；推广试点成果需要结合自身地区条件，因地制宜。华明镇在实施"宅基地换房"之前也曾经历了充分的调研和论证，其实践成果仅适合于区位优势明显，与城市中心联系紧密的近郊地区，其主要特征包括从事农业活动的人口比例较小，对外开放程度和家庭经济收入水平较高等。

（3）最后，片面理解城镇化的现象普遍存在

人们片面理解农村城镇化，即"大拆大建"的现象普遍存在。尽管目前各地都在制定与新农村建设相应的政策与标准，但思路与做法却出现了分化：一种是城市反哺农村、城乡一体化的积极做法，另一种则是借机大兴土木、圈地盖房，以期用高投资推动GDP的消极做法，其中后者给环境资源带来了极大的压力。

1.1.3　可持续设计——城镇化建设新趋势

中国当前正处于城镇扩张的高峰期，关于城镇化建设对乡村与城市的影响讨论，一直存在两种不同的观点[②]：

其一，是反对的声音——认为城镇化将加速城乡社会的分化以及乡村生活的消失，具有负面作用。

其二，则是支持的声音——认为城镇化是推进社会、经济整体发展，以及技术革新的基本动力，具有进步意义。

两种观点的对立根源来自究竟如何看待"城市与乡村之间的相互关系"。

刘易斯·芒福德（Lewis Mumford，美国，1970）指出"城市是土地的产物，它

---

① 信息中心. 天津市积极探索统筹城乡发展的新模式，2010年6月. 来源于网络：天津市发展和改革委员会网http://www.tjdpc.gov.cn/templet/default/ShowArticle.jsp?id=15932

② 叶齐茂. 发达国家乡村建设考察与政策研究［M］. 北京：中国建筑工业出版社，2008.

们反映了农民在治理土地时表现出来的机智"①，他认为农民通过提高技术以及土壤改造使得土地具有生产价值，并且能够有效地治理水源以灌溉耕地，建造仓储与圈养牲畜，上述这些永久性农业生产手段与生产形式，使得人类的定居生活（包括城市和农村在内）能够拥有永久性的住宅或设施。

上述观点肯定了农村先于城市存在的事实，以及乡村生活的各个阶段都对城市的存在起着重要的意义，例如食品、纺织品等最终转化为城市生活的各种要素。很明显，乡村和农业对于人类的生存和发展，其重要性不言而喻。

必须认识到乡村的可持续发展是城镇发展的起点这一重要前提。欧美发达国家很早便意识到保护乡村与农业的重要性，例如霍华德（Ebenezer Howard，英国，1898）提出"田园城市"的构想，主张将乡村与城镇作为统一体来考虑②，这一早期类似于"城乡一体化"的有益探索，奠定了西方现代城市规划学科可持续思想的理论基础。第二次世界大战之后，以美国为代表的一些西方资本主义国家经历了郊区蔓延的城镇化过程，生态环境的不可持续，生活成本的大幅提高，城市内部的衰败等现象严重摧毁了人们内心对"美国梦"的渴望③。正如小城镇规划师兰德尔·阿伦特（Randall Arendt，美国，2004）所指出的"与英国相比，美国的乡村发展是不明智的④"，美国人在反思历史与现实的同时，发现保护乡村环境与限制城镇发展的重要性，提出"新城市主义"（New Urbanism）与"精明增长"（Smart Growth）的概念，强调重新认识传统社区的价值，并以传统的、紧凑的社区空间形态为开发模式，以实现乡村的可持续发展。

参考西方发达国家的做法，只有发展可持续的农业社区，才能推动社会、经济、政治的长久与稳定。大多数发达国家已经开始关注到农业社区可持续发展的问题并付诸行动，其中包括粮食安全、居住与环境、社会冲突等问题。而与此同时，我国城镇化过程中"大拆大建"的粗放式建设实践，造成了农民耕地的大量流失与社会资源的极度浪费，新农村建设亟待可持续设计的新思路、新方法。

---

① 刘易斯·芒福德著，宋俊岭，李翔宁，周鸣浩译. 城市文化［M］. 南昌：江西人民出版社，1991.

② 张晓雯，胡燕. 田园城市：城乡一体的城市理想形态［J］. 成都：成都大学学报（社科版），2010（3）：1～4.

③ Andres Duany，Elizabeth Plater-Zyberk，Jeff Speck. Suburban Nation：The Rise of Sprawl and the Decline of the American Dream［M］. North Point Press，2001.

④ 叶齐茂. 英美小城镇规划的经验与教训——对英美著名小城镇规划师Randall Arendt先生的电话访谈［J］. 国外城市规划，2004（3）：69～71.

1.2 课题的提出与相关文献综述

1.2.1 课题的提出

关于"可持续农业社区设计"的课题研究，正是在上述背景下提出的。本课题研究尝试从规划设计的角度，探究乡村经济、社会、环境可持续发展的新思路、新方法。课题研究的起点是一项国内、外学生交流合作的设计课程实践——河北省保定市大汲店生态农庄项目，该项目由美国内布拉斯加大学林肯分校（University of Nebraska–Lincoln）建筑学院教授Mark A. Hoistad主持，天津大学建筑学院刘丛红教授绿色建筑工作室合作完成（图1-4）。

该项目规划设计范围以河北省保定市郊区的一个历史文化村落——大汲店为基点，向西辐射约5公里半径内的农业区域。Mark在该项目中探讨了一种填充式开发的新型农业社区设计模式，即在尊重和保留原有村落形态和自然肌理的基础上，将一定农业区域范围内的分散居民点进行空间整合，并将耕地纳入规划设计的范畴；通过一系列整体可持续设计策略的运用，建立起一个与城市之间存在密切联系的可持续发展的农业社区。

最终的规划成果被命名为"ECO-ZHUANG"，"ZHUANG"源于汉语中"农庄"之意，一方面为了强调这是一种新型的社区形态，将农村居民点与农业环境作为一个整体系统进行设计，从而形成一个能源使用相对独立，对自然环境负面影响最小的农

图1-4 大汲店项目实地调研
图片来源：实地调研

业区域；另一方面为了强调这是一种尊重中国传统农业文化的空间探讨，结合地域自然、经济、社会、文化等条件，以期新的社区能够体现出传统村庄的空间本质。

作为一名课程实践的参与者，笔者对Mark在项目中提出的"关注城市外部农业区域的可持续设计，在城市与乡村之间建立紧密的交通联系，以及通过设计实现一个包括城市与乡村在内的整体环境系统的可持续发展"等观点产生了浓厚的兴趣。"ECO-ZHUANG"实际上是一种包含了经济、社会、环境三个维度内容的可持续农业社区。基于上述实践和思考，笔者提出"可持续农业社区"的概念，以期从规划设计的角度，构建一种城乡一体化的、可持续发展的新型农业社区设计模式，探讨一套适合中国国情与乡村社会发展现状的可持续设计的思路和方法。

本书的写作建立在大汲店生态农庄项目的实践基础之上，是该项设计研究的理论性成果和系统化深入；这里之所以使用"可持续农业社区"（Sustainable Agricultural Community）一词来代替和概括"ECO-ZHUANG"的设计思想内涵，而没有直接以"生态农庄"来命名，其主要原因如下：

（1）笔者通过查阅中国知网CNKI全文数据库，检索结果发现，目前国内已有学者在中文学术研究中使用"生态农庄"的提法；但现有研究对"生态农庄"的定义为具有生产功能和旅游功能的休闲观光农业园或农场项目（主要指采摘、农家乐等），与本课题研究对象不符。

（2）另外，还检索到已使用过的相似检索词，例如"生态村""生态城市"等概念，其研究内容和对象范围与本课题均存在差别。

（3）没有检测到任何与"可持续农业社区"相关的文献，并且该定义能够更为清楚地表述出ECO-ZHUANG的设计内涵，以及课题研究对象的规模大小。

综上所述，为了避免该课题的研究成果与上述诸多概念产生混淆，故本书采用"可持续农业社区"的基本概念，相关概念比较如表1-1所示。

可持续农业社区相似概念比照表   表1-1

CNKI 全文数据库（1979—2011）				
中文检索词	英文检索词	文献总数	基本概念	特征
可持续农业社区	Sustainable Agricultural Community	0篇	以农业为主要产业的新型农村社区，包括可持续的农业及相关产业链，"生产—加工—运输"一体化，可持续的居住形态，完善的公共服务体系	积聚规模与联合意义；经济、社会文化水平等同于城市，但空间形态仍然具有乡村特征

续表

CNKI 全文数据库（1979—2011）				
中文 检索词	英文 检索词	文献 总数	基本概念		特征

中文 检索词	英文 检索词	文献 总数	基本概念		特征
生态农业 社区	Eco-Farm	60篇	现有研究将其定义为具有采摘、农家乐等项目的休闲观光农业园、农场，同时具有生产功能和旅游功能①②		农业旅游经济的一种，以服务城市居民娱乐、观光、休闲为目的
生态村	Eco-Village	489篇	设计引导	一般认为生态村以人为尺度，将人的活动结合到居住地中且不损害自然环境，健康地开发利用资源，实现社区的可持续发展③④	规模较小（最佳规模为300~500人）且功能完善齐备，人类活动不损害自然，健康可持续的生活方式
			政策引导	由国家政策引导，各地执行的新农村建设内容之一，与文明村、文明生态村等内容相一致⑤	生产发展、生活宽裕、乡风文明、村容整洁、管理民主
生态城市	Eco-City	1929篇	社会、经济、文化和自然高度协调的人工复合生态系统，其5项标准：生态保护策略、生态基础设施、居民生活标准、文化历史保护、将自然融入城市⑥		寻求改善和解决环境问题的各种途径（包括水资源治理、垃圾处理、改善微气候等内容）

资料来源：作者制表

1.2.2　相关文献综述

通过大量查阅中国知网（CNKI）数据库以及其他国内外文献资料，共搜集与"新

---

① 韩非，张天柱. 生态农庄的规划设计与旅游开发研究——以江苏省无锡市唯琼生态农庄为例 [J].
资源开发与市场，2007（5）：474~475.

② 张晓鸿，陈东田. 沟谷型观光农业园区规划——以九顶山生态农庄为例 [J]. 山东林业科技，
2006（6）：42~44.

③ 张蔚. 生态村——一种可持续社区模式的探讨 [J]. 建筑学报，2010（学术论文专刊）：
112~115.

④ 罗杰威，梁伟仪. 生态村——生态居住模式概述 [J]. 天津大学学报（社会科学版），2010（1）：
50~53.

⑤ 黄立洪，林文雄. 生态村建设过程中农民意愿行为的实证分析 [J]. 西南农业大学学报（社会科
学版），2010（8）：78~80.

⑥ 董宪军. 生态城市研究 [D]. 北京：中国社会科学院研究生院，2000.

农村社区（96篇）""城乡一体化（2701篇）"与"可持续设计（102篇）"主题相关的文献2899篇。现有文献对新农村建设理论的探索尚处于研究阶段，文章剖析角度虽然各有侧重，但并未形成一套整体的、系统的研究理论；特别是缺少将可持续设计理论与新农村社区规划实践相结合，探讨城乡一体化空间模式方面的学术研究。尽管国外乡村建设和可持续设计方面的理论和实践体系较为完善和成熟，但是由于我国新农村建设具有中国特色，因而可以直接借鉴或引入的研究成果不多，理论体系尚待建构与完善。现有文献经过分类整理，根据学术研究内容侧重点不同，主要分为以下五类：

（1）从规划设计与建筑设计的角度进行探讨

以规划设计、建筑设计为角度进行探讨的文献，多倾向于新农村社区典型案例的分析研究与经验总结，从中探究新农村建设可持续发展的方向。例如，《新农村社区规划设计研究》（方明、董艳芳，2006）一书针对大量工程设计案例进行了总结归纳，提出新农村社区规划应遵循"规划应促进农村经济发展、规划应与新农村产业发展相协调、规划应以集约利用土地为宗旨、规划应延续乡村及地域自然人文特色、规划应尊重村庄原有社会伦理结构、规划应与农村生产活动相结合、规划应以改善居民生活为目标，规划应注重环境友好、资源节约"八条原则[1]，较为全面地论述了如何通过合理的空间布局、建筑设计以及地方适宜生态策略的使用等方式，实现新农村社区的可持续发展。另外，方明等人还撰写若干论文，如《注重综合性思考，突出新农村特色——北京延庆县八达岭镇新农村社区规划》（方明 等，2006），《承继地方传统特色，构筑北方现代新村——记北京市平谷区将军关村规划》（方明 等，2005），以上文章以规划实例为基础，强调新农村规划应注重地方文化与传统的延续[2][3]。

相似文献还包括专著《新农村建设规划设计与管理》（郭成铭，2008），《新农村住宅设计与营造》（骆中钊，2008），《小城镇公共建筑与住区设计》（单德启，2004），《上海郊区小城镇人居环境可持续发展研究》（陈秉钊，2001）等；学位论文

---

① 方明，董艳芳. 新农村社区规划设计研究 [M]. 北京：中国建筑工业出版社，2006.

② 方明，董艳芳，白小羽. 注重综合性思考，突出新农村特色——北京延庆县八达岭镇新农村社区规划 [J]. 建筑学报，2006(11)：19～22.

③ 方明，董艳芳，赵辉. 承继地方传统特色，构筑北方现代新村——记北京市平谷区将军关村规划 [J]. 小城镇建设，2005(11)：90～93.

《整合与协调——社会主义新农村景观规划设计初探》（李少静，2007），《新农村社区可持续发展研究》（卢瑶，2007），《新农村建设中生态农宅研究》（沈彬，2006），《最佳人居小城镇规划设计方法研究——以常熟市海虞镇为例》（陈翀，2004），《小城镇社区规划探讨———一次拓展和完善小城镇规划的有益探索》；期刊论文《小城镇建设中的可持续发展问题研究》（魏志魁，2007），《我国农村住区空间样本类型区划谱系研究》（杨贵庆 等，2010），《苏南地区农村居住发展及其模式探讨》（曹恒德 等，2007）。

（2）从中国农村建设实验总结的角度进行探讨

以中国农村建设实验为角度进行探讨的文章，多倾向于从产业及用地协调、建设政策、方针策略等方面，探究城镇化过程中可持续发展的城乡统筹思想。例如，《中国乡村建设实验演变及其特征考察》（王伟强、丁国胜，2010）一文指出："综合、多元、创新的乡村建设实验必将引导乡村突破已有制度的瓶颈……最终实现城乡统筹发展，达到乡村现代化和可持续发展的目的。"[1]《基于城乡统筹的县域新农村建设规划探索》（陈鹏，2010）通过对新农村建设"二十字方针"的解读提出以整体观统一规划城市与乡村的社会经济发展，改变当前的城乡二元制结构，是缩小城乡差距、协调发展的根本途径。陈鹏指出县域是"基于城乡统筹建设新农村的最佳地域层次"，其规划重点包括评价与整合城乡资源、制定相应可行的促进政策、培养适合村镇的产业组群、配置公平高效的公共产品、引导整合村庄建设用地等五个方面[2]。《天津"宅基地换房"调研报告》（陈伟峰、赖浩锋，2009），《城乡结合部土地集约利用研究——天津华明镇模式》（苑清敏、薛晓燕，2009），《天津市华明镇示范镇宅基地换房小城镇发展模式简析》（青仿、杨红军，2010）等文章以华明镇宅基地换房的土地集约利用模式为案例，指出该方式具有较强的可操作性，能够提高综合土地利用的效益，保证土地规模适度扩大，结构渐趋合理[3][4][5]。天津大学博士学位论文《转

---

[1] 王伟强，丁国胜. 中国乡村建设实验演变及其特征考察 [J]. 城市规划学刊，2010（2）：79～85.

[2] 陈鹏.基于城乡统筹的县域新农村建设规划探索 [J]. 城市规划，2010（2）：47～53.

[3] 陈伟峰，赖浩锋. 天津"宅基地换房"调研报告 [J]. 国土资源，2009（3）：14～16.

[4] 苑清敏，薛晓燕. 城乡结合部土地集约利用研究——天津华明镇模式 [J]. 江西农业大学学报（社科版），2009（6）：5～7.

[5] 青仿，杨红军. 天津市华明镇示范镇宅基地换房小城镇发展模式简析 [J]. 小城镇建设，2010（5）：17～19.

型时期山东沿海农村城镇化模式及整合机制研究》（邵峰，2009）以山东沿海地区新农村建设实验为例，分析了农村与城市经济、社会、区域空间和生态等因素的协调发展，并提出应建立起包括资源整合等机制在内的多元居住主体"转型社区"的概念[1]。

相似文献还包括专著《城乡统筹与县域经济发展》（戴宏伟，2005），《建设社会主义新农村若干问题研究》（农业部课题组，2005）；学位论文《生态文明视域下的社会主义新农村建设》（王天翔，2010），《北京市城乡结合部土地节约与集约利用研究》（李丽华，2008），《农村宅基地集约使用的模式与方法研究——以浙江省为例》（钱雪华，2009）；期刊论文《生态文明时代乡村建设的基本对策》（仇保兴，2008），《以增强"造血功能"为主导的新农村规划设计探索：以云和县大坪村为例》（顾哲，夏南凯，2008）。

（3）从借鉴国外乡村建设经验的角度进行讨论

国内学者借鉴国外乡村建设的经验，进行了大量的研究和总结，例如《英美小城镇规划的经验与教训——对英美著名小城镇规划师Randall Arendt先生的电话访谈》（叶齐茂，2004）一文介绍了兰德尔·阿伦特对于国外乡村与小城镇规划的认识和看法，指出从事乡村规划需要面对诸如关注乡村环境资源、保护农田与开放空间、鼓励发展"集镇"政策等不同于城市规划的问题[2]。叶齐茂在其另外一篇文章《那里农村社区发展有四条值得借鉴的经验——欧盟十国农村建设见闻录四》（叶齐茂，2007）当中详细介绍了自己在欧盟十国农村考察后的感受与体会，提出农村发展必须规划先行，规划方式则是自下而上的由地方社区主导，社区管理、资金扶持等方面应具有一定的灵活性，同时加强农村地区在环境保护方面的主导作用[3]。另外，《英国农村战略中的社区建设》（侯晓露、万钊，2010），《英国乡村发展历程分析及启发》（闫琳，2010），《美国"社区支援农业"模式》（石嫣，2009）等文章从当地经济与社会振兴，增强农村价值与社会公正等方面，分别介绍了英美两国农村社区建设中的有益经

---

① 邵峰. 转型时期山东沿海农村城镇化模式及整合机制研究 [D]. 天津：天津大学，2009.

② 叶齐茂. 英美小城镇规划的经验与教训——对英美著名小城镇规划师Randall Arendt先生的电话访谈 [J]. 国外城市规划，2004（3）：69～71.

③ 叶齐茂. 那里农村社区发展有四条值得借鉴的经验——欧盟十国农村建设见闻录四 [J]. 小城镇建设，2007（1）：43～44.

验①②③。对于亚洲国家农村建设经验进行总结、评价的文章包括期刊论文《韩国农协的发展、问题与方向》（强百发，2009），学位论文《中国新农村建设与韩国新村运动的若干社会政策比较研究》（姚兴云，2009），《中韩新农村建设比较研究》（韩雪梅，2007）等，这些文章详细介绍了韩国以政府为主导，自上而下的农村建设经验，如环境整治破题、美化村庄、农协组织、资源整合等方法。

国外学者对乡村建设方面的研究，代表作品包括兰德尔·阿伦特根据自己长期从事英美等地区乡村设计的宝贵经验所撰写的四部著作：《十字交叉口、居民点、村庄与城镇——传统邻里的设计特征》（Randall Arendt，1999），《生长的绿色——地方规划与法规的保护》（Randall Arendt，1999），《微型地块保护设计——开放空间设计导则》（Randall Arendt，1996），以及《乡村设计——保留小城镇特征》（Randall Arendt，1994），上述著作通过实际乡村设计案例的深入剖析，以及大量翔实的图表、照片、文字说明，总结了国外乡村规划设计的方法、经验和教训。特别是《乡村设计——保留小城镇特征》一书针对美国普遍存在的郊区蔓延现象，指出传统城镇的品质是乡村规划的起点，采取紧凑的创新的开发模式是解决乡村问题的最佳途径，另外书中详细介绍了道路、排污、农田保护、开放空间等方面的规划方法，资料性较强④。

在国外乡村建设的实践过程中，生态村无疑是众多实践案例中最具理想主义色彩一个支流。"生态村"（Eco-Village）一词最早出现在《黎明建造者——变革世界中的社区》（Corinne McLaughlin & Gordon Davidson，1986）一书当中，研究期望通过一系列创新性策略的探讨来整合人类与自然之间的联系，创建一种小规模、平等的新型社区⑤。美国学者罗伯特·吉尔曼认为"生态村是以人为尺度，并将人类活动融入以不损害自然环境系统为特征的居住地当中，支持健康地利用资源和可持续发展的社区"；他在《生态村的挑战》（Robert C. Gilman，1991）一文中提出生态村的整体设计理念，指出全系统设计、生态系统、经济系统、环境营造、政府决策和凝聚力是生态村发展的六种挑战，其中全系统设计（Whole System Design）是其他各项挑战实现的前提，

① 侯晓露，万钊. 英国农村战略中的社区建设 [J]. 农业经济问题，2010（6）：48~49.

② 闫琳. 英国乡村发展历程分析及启发 [J]. 北京规划建设，2010（1）：24~29.

③ 石嫣. 美国"社区支援农业"模式 [J]. 理财，2009（4）：41~42.

④ Randall G. Arendt. Rural by Design: Maintaining Small Town Character [M]. APA Planners Press, 1994.

⑤ Corinne McLaughlin, Gordon Davidson. Builders of the Dawn: Community Lifestyles in a Changing World [M]. Stillpoint Publishing, 1985.

即只有当经济、社会、环境三者综合考虑，才能满足真正的可持续要求[①]。其他相关研究还包括《生态村——可持续发展实践指南》（Jan Martin Bang，2005）[②]，《伊萨卡生态村——可持续文化的先锋》（Liz Walker，2005）[③]，《生态村居住》（Hildur Jackson & Karen Svensson，2002）[④]等书从生态村的营建和实践方面介绍了生态村在适宜性技术、筹建状况、资金来源、管理经营等方面的具体策略，为生态村设计实践提供了具有较强可操作性的建议。

（4）从生态学与生态设计的角度进行探讨

以生态学与生态设计为角度进行讨论的文章，多倾向于将生态学的基本原理应用于设计，从尊重自然和生态文明的角度，探讨乡村建设的可持续发展模式。例如，重庆大学博士学位论文《城乡空间生态规划理论与方法》（杨培峰，2002）提出将生态规划的原理和方法引入土地和空间资源配置的"城乡一体"规划理论研究中去。文章以理论与实证相结合的方式从区域空间、城市外部空间、城市内部空间三方面探讨不同尺度的空间城乡生态的获得需要一系列整体策略的实施，包括提高密度，整合交通与土地利用，建立包括住宅、公共交通、地方性商业、步行社区等在内的可支付社区等内容[⑤]。

（5）从其他角度进行探讨

《论生态文明伦理观下生态农业社区规划创新理念》一文（申庆涛，2008）指出"生态文明是人类对物质文明的反思，是人与自然和谐关系的总结与升华"，文章认为"生态农业社区旅游模式"是一种促进农村社会经济发展、文化传播、愉悦身心的新型旅游模式，其景观规划应以市场导向、农业与景观结合、突出特色和重点以及可持续发展为基本原则，对农业社区的规模容量、综合分区、结构设置等内容统一规划、科学布局[⑥]。

---

① Robert C. Gilman. The Eco-Village Challenge［J］. Living Together，1991（29）：10.

② Jan Martin Bang. Ecovillages: A Practical Guide to Sustainable Communities［M］. Floris Books，2012.

③ Liz Walker. EcoVillage at Ithaca: Pioneering a Sustainable Culture［M］. New Society，2005.

④ Hildur Jackson，Karen Svensson. Ecovillage Living: Restoring the Earth and Her People［M］. Green Books Publishing，2002.

⑤ 杨培峰. 城乡空间生态规划理论与方法研究［D］. 重庆：重庆大学，2002.

⑥ 申庆涛. 论生态文明伦理观下生态农庄规划创新理念［J］. 乡镇经济，2008（5）：46～49.

生态设计理论方面的研究在国外起步较早，且研究体系相对成熟。代表作品有《设计结合自然》（Ian L. McHarg，1969），该书提出将传统规划和设计的研究内容扩展至生态学的范畴，书中通过大量实例展示了环境因子叠合的生态规划方法，即适宜性分析方法在实际操作和分析研究中的具体应用，对城市、乡村、海洋、陆地、植被、气候等问题进行剖析并指出正确利用的途径[1]。《可持续设计：生态、建筑与规划》（Daniel E. Williams，2007）一书将《设计结合自然》中的观点继续深化，从区域、城市（或社区）、建筑三种不同尺度的空间范畴探究可持续设计的具体对策[2]。另外，《可持续城镇化：城市设计结合自然》（Douglas Farr，2007）一书认为可持续的城市空间形态设计相关的论文还从可持续发展评价指标体系、土地集约利用、道路交通组织、乡村社区化、社会情感等多个专项问题的角度进行探讨[3]。

其中以可持续发展评价指标体系为视野的文章，例如《小城镇建设可持续发展评价指标体系研究》（周静海 等，2001）指出小城镇可持续发展评价指标体系应包括资源环境可持续发展指标、社会可持续发展指标、经济可持续发展指标、科技可持续发展指标、建设可持续发展指标等五个方面的评价[4]；相似文献包括期刊论文《喀斯特农村社区可持续发展能力对比研究——以贵州清镇市王家寨与羊昌洞为例》（魏鹏 等，2008）《小城镇规划中的可持续发展能力评价研究——以临沂市崔家峪镇为例》（王翠、王立本，2007）。上述研究侧重于小城镇可持续发展评价体系的建立，一般采用层次分析法AHP建立指标体系，对本课题研究具有一定的借鉴意义；但是AHP方法相对简单，在指标体系的层级构建中只能做纵向比较，无法在横向指标之间建立联系，具有一定的局限性。

针对新农村建设土地集约利用专项研究的文章有天津大学博士学位论文《小城镇土地集约优化利用研究》（王丽洁，2008），研究在分析小城镇土地利用的现状和问题的基础上，建立了基于量化研究"集对论"的小城镇土地集约优化利用的综合评价体系，提出土地利用应与生态环境、文化传统、公众参与、城镇体系与总体规划等内

---

① Ian L. McHarg. Design with Nature ［M］. John Wiley & Sons, 1995.

② Daniel E. Williams. Sustainable Design: Ecology, Architecture, and Planning ［M］. John Wiley& Sons, 2007.

③ Douglas Farr. Sustainable Urbanism: Urban Design with Nature ［M］. John Wiley & Sons，2007.

④ 周静海，刘亚臣，孔凡文. 小城镇建设可持续发展评价指标体系研究 ［J］. 沈阳建筑工程学院学报（自然科学版），2001（10）：265～267.

容相结合①。

以农村社区化为角度的文章，例如《城镇化主导下的社会变迁与农村社区的现代特征》（甘信奎，2008）提出城镇化背景下，社会关系、组织形式、生活方式、分配方式等方面的多样性，推动了传统向现代的转型，以农村现代社区为载体，引导新农村的健康与可持续发展②；相似文献包括期刊论文《新农村社区发展模式研究》（潘晓棠等，2010）。

另外，还有从农民社会情感转变与文化传统延续的角度撰写的期刊论文《流动的丈夫留守的妻》③（吴惠芳，2009），学位论文《孝文化对社会主义新农村建设的影响研究》（杨力新，2009）；以及以新农村交通组织为视野的天津大学硕士学位论文《东丽区新农村建设进程管理问题研究》（瞿宝喜，2009）④。

1.3　研究对象及相关概念界定

1.3.1　研究对象："可持续农业社区"

"可持续农业社区"（Sustainable Agricultural Community）的基本概念主要包括以下三个层面的含义：

（1）农业形态

研究倡导一种以农业为主导产业的新型空间形态，该形态将区域内部的居住与农业看作是一个相互嵌套的整体系统，与区域外部的城市保持密切的联系。该区域在经

---

① 王丽洁. 小城镇土地集约优化利用研究 [D]. 天津：天津大学，2008.
　"集对论"认为事物中的量是可确定量和不可确定量的统一体，对事物数量的描述是在一定层次上的可识别量与不可识别量的结构函数；集对分析是一种重视信息处理相对性和模糊性的"宽域式"函数结构，根据集对分析联系度表达式中的同一度、差异不确定度、对立数值及其相互间的联系、制约、转化关系，能够进行土地集约优化利用评价，为小城镇土地利用提供决策帮助与技术支撑。

② 甘信奎. 城镇化主导下的社会变迁与农村社区的现代特征 [J]. 理论学刊，2008（9）：59～61.

③ 吴惠芳. 流动的丈夫留守的妻 [J]. 中国农业大学学报（社会科学版），2009（4）：167～169.

④ 瞿宝喜. 东丽区新农村建设进程管理问题研究 [D]. 天津：天津大学，2009.

济、社会、文化水平上与城市相互对等，但是这并不意味着区域内部自身特征的消失或被城市特征同化。相反，可持续农业社区强调保留农田和开放空间，建立居民点与自然环境的天然联系，充分尊重和发展以农业为主导产业的地区所展示出的外部与内部形象；而不是将其作为与传统意义上的"城市"相互对立的"农村"概念，即经济落后地区来解读。

（2）可持续性

研究意在挖掘一种可持续发展的新型空间策略，该策略将农业"生产——加工——运输"看作是一个"一体化"的无缝链接，从而使得农产品从种植生产到加工运输的全过程足够高效，以减少农产品流通过程中的能源与财富流失。可持续农业社区追求能源使用上的自给自足，通过建立水资源的生态过滤系统与循环系统，充分利用场地的风能、太阳能及其他可再生能源，最大限度地减少环境污染及资源消耗；提供多样化的交通出行及运输方式，鼓励步行社区的建立和绿色、可持续的建筑设计等策略的应用，从而降低建设对环境的压力。

（3）具有社区意义的村落

研究着力塑造一种具有社区意义的新型村庄，明确包括居住与农田在内的区域增长边界，加强农业社区的可识别性。研究提出可以通过一些小型乡村居民点的联合与相互协作，形成一个具有集群意义的居住统一体。该统一体需要具备适度的社区规模，同时维持一个可管理的尺度，以便能够获得一定的规模效应，为社区居民提供包括居住、教育、医疗、娱乐文化、温室等在内的各种公共或基础设施。可持续农业社区强调尊重原有地域文化，要求在设计中充分挖掘当地历史文化资源，重视居住模式的传承与发展，增强社区成员的地方归属感和认同度，提倡公众参与。

1.3.2　相关概念界定

（1）农村与城市

百度百科认为"农村"以农业生产（自然经济和第一产业）为主，是相对于"城市"的称谓，包括集镇和村庄在内的农业区[①]；而"城市"则是以非农业生产和非农

[①] 百科名片. 农村. 来源于网络：百度网 http://baike.baidu.com/view/56057.htm

业人口集聚形成的较大居民点，包括按国家行政建制设立的市或镇[①]。中国城乡社会自20世纪50年代起长期实行二元制的户籍管理制度，即从户籍身份区别城市人口与农村人口，带来了乡村发展的壁垒；近几年来伴随新农村建设的发展，二元制结构逐渐松动，为城乡区域协调带来了新的发展。

与城市相比，农村人口稀少，居民点分散在农业生产环境之中，与自然环境的联系更加紧密，而城市则多为人工环境。从二者的形成历史与位置关系来看，农村的形成早于城市，而位置关系则常常是农村依附于城市。

人类社会因农耕技术的出现，其生存模式逐渐由临时的、简陋的"原始无组织聚居"转为永久性的聚居形态——村落，形成了以农业为主要职能的固定居民点，人们通过农业耕种的方式，自给自足。随着社会的进步与剩余产品的出现，商业与手工业又从农业中分离，产生了以商业贸易与手工业活动为主的城市雏形[②]。与农村相比，城市的位置往往占据领域的中心，发展速度也远远超过了前者，成为社会文明繁荣进步的象征。

长期形成的城乡差异，造成了人们对待农村地区的消极态度存在以下两个明显的特征：

其一，将农村作为城市的对立面，形成二元制的空间载体；

其二，将农村作为城市的附属品，看作是经济欠发达地区。

（2）社区与农村社区

社区（Community）为外来词，其概念最早出现在社会学研究的范畴，德国社会学家滕尼斯（Ferdinand Tonnies，1887）认为"社区是由一定数量并且相互关联的人类群体组成的社会团体和社会关系，社区中的人具有共同的社会利益与价值取向"[③]。吴文藻、费孝通等将之译为"社区"[④]，即以"社"表示群体概念，而以"区"表明地理位置。

上述观点后来延伸到城市地理学的研究当中，"社区"通常被认为是人类群体由

---

① 百科名片. 城市. 来源于网络：百度网http://baike.baidu.com/view/17820.htm

② 李德华. 城市规划原理（第四版）[M]. 北京：中国建筑工业出版社，2010.

③ Jan Lin, Christopher Mele. The Urban Sociology Reader [M]. Routledge，2012.

④ 杨清媚. 知识分子心史——从ethnos看费孝通的社区研究与民族研究 [J]. 社会学研究，2010（4）：20～49.

于相同的人生价值和观念，依靠社会凝聚力被组织在一个共同的地理范围之内；社区形成的四大要素包括：社区成员、情感交流、整合并满足需求、相互影响①。社区通常可以划分为农村社区与城市社区两种类型，二者在基本构成要素方面具有较为明显的差异（图1-5）。

图1-5较为清晰地展示了城市社区与农村社区构成要素之间的差异，主要体现在人口构成、空间特征、文化特征、设施规模以及社会特征等五个方面；而从社区的定义来看，人口与空间是社区的外在表象，社区情感与社会交往则是社区的内在特征。基于上述分析，对于"农村社区"的概念界可以理解为"一定地域空间范围内的居民以农业生产方式为基础所组成的社会生活共同体；村庄或集镇是农村社区的一般表现形式，是农耕生产与乡土生活的地域表现"。

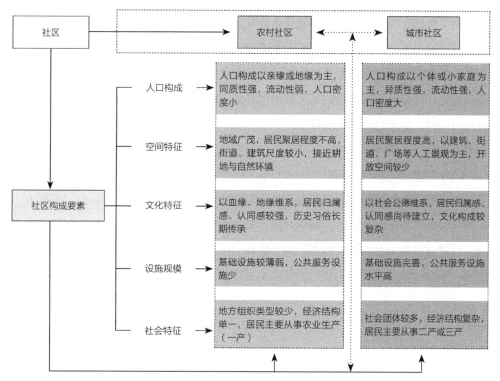

图1-5　农村社区与城市社区构成要素比较

资料来源：作者绘制

_____

① David W. M, David M.C. Sense of Community: A Definition and Theory［J］. Journal of Community Psychology, 1986, 14（1）: 6~23.

（3）可持续发展与可持续设计的概念

关于可持续发展理论的思想源泉可以追溯至英国工艺美术运动（Arts and Crafts）期间，其代表人物约翰·拉斯金（英国，1849）在《建筑七灯》中有过这样一段描述："上帝借予我们赖以为生的地球，这具有很强的继承性。她在属于我们的同时，也属于我们的后人，那些名字同我们一样早已载入生灵册中的人们；我们没有权利，也不能无视他们日后卷入不必要的惩罚，或是剥夺他们享受和我们相同馈赠的权利。"[1]这一描述与《我们共同的未来》（WECD，1987）报告中对于"可持续发展"概念的界定不谋而合[2]，即可持续发展是"即满足当代人的需要，又不对后代人满足其需要的能力构成危害的发展"[3]。

全球气候的变暖与环境的恶化，促使人们将可持续思想转变为一种国际交流与文化，自20世纪80年代逐渐展开并延续至今。建筑、运输、工业三大行业在为人类生存谋求福利，加速社会经济进步的同时，也成为二氧化碳排放以及能源耗尽的三大祸首。相关数据表明，美国每年建筑建造及其运营过程中的能源消耗与温室气体排放几乎占到了整个国家的一半（图1-6）；而在全球范围内，这一比例则更大[4]。

一系列的数据使人警醒并付诸行动，人们在审视自身进步与生态环境之间微妙关系的同时，可持续发展理论的思想脉络也日渐清晰，其思想精华在于强调经济、社会发展的同时，注重自然环境的保护。

（1）经济的可持续发展

鼓励经济在数量与质量上双效增长，要求转变在过去传统经济中，以"高投入、高消耗和高污染"为主要特征的生产模式和消费模式；提倡采用集约型的经济增长方式，以提高经济效益、节约资源、减少废物。

---

[1] John Ruskin. The Seven Lamps of Architecture [M]. Perlego, 2011.

[2] 李长虹，刘丛红. 贵族与平民——英国可持续建筑两种设计倾向的比较 [J]. 哈尔滨工业大学学报（社科版），2010（6）：19～24.

[3] 世界环境与发展委员会著，王之佳，柯金良译.我们共同的未来 [M]. 长春：吉林人民出版社，1997.

[4] Daniel E. Williams. Sustainable Design：Ecology，Architecture，and Planning [M]. John Wiley& Sons，Inc. 2007.

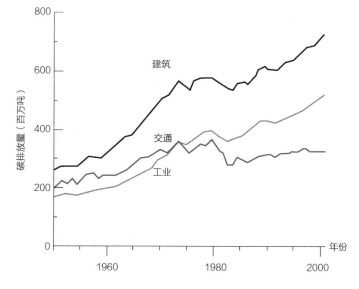

图1-6 美国不同产业碳排放比较

图片来源：Daniel E. Williams. Sustainable Design：Ecology, Architecture, and Planning [M]．John Wiley& Sons, 2007.

（2）社会的可持续发展

提倡以人为本与社会公平，发展的本质是在改善人的生活质量与提高人的生活水平的同时，为人们创造一个能够享受平等、自由、教育、人权的社会环境；由于区域发展背景与所处阶段不同，社会可持续发展的具体目标也各不相同。

（3）环境的可持续发展

强调经济发展、社会发展二者应当与自然系统的承载能力相协调，即在发展的同时必须保护和改善地球的生态环境，保证以可持续的方式使用自然资源和环境成本，使人类发展控制在自然承载能力之内。

与"可持续发展"的三层含义相对应，"可持续设计"也从经济、社会、环境三个方面寻求解决问题的方法和手段。澳大利亚建筑师Glenn Murcutt[1]指出"追随着太阳，观察风的方向以及水的流动，使用简单的材料，尽量减少对地球的影响"，这是对"可持续设计"概念的高度概括，即在设计中考虑场地、区域的环境因素，并做出相应的回应[2]。对应于"可持续发展"的思想内涵，可持续设计在可持续能源的驱动

---

[1] Glenn Murcutt，澳大利亚著名建筑师，2002年普利茨克奖的获得者，因乡土建筑与可持续建筑设计著名。

[2] Daniel E. Williams. Sustainable Design：Ecology, Architecture, and Planning [M]．John Wiley& Sons, 2007.

下，努力找到一个能够同时解决经济、社会、环境问题的契合点。

如图1-7所示，可持续设计需要解决的问题是三维空间的，而非线性的；因而与其他专业的设计师相比，具有空间思考能力的建筑师与规划师是解决可持续设计问题的最佳人选。当设计人员能够从系统当中收集到与可持续相关的信息，设计就可以从建筑、社区和社会等方面进行空间安排，以此来满足一定的功能需求并实现价值；另有多项研究表明，可持续设计从区域的范围进行统筹考虑，可以实现设计价值的最大化。

可持续设计的主要特征是具有一定的柔性和承载力，其首要关注的内容是场地当中居民能源的使用是否可持续。在不可再生资源极为有限或是难以获得的情况下，可持续设计便会产生巨大的效能；例如，可持续设计可以应对阴天、干旱和自然灾害而不依赖于不可再生资源，可持续设计能够改善环境的质量，净化空气和水，将设计方案和场地特征紧密地结合起来。

人们在研究中有时会将"绿色设计"的概念与"可持续设计"混淆，事实上二者之间是具有一定的区别的。绿色的建筑和社区是将当地的气候和建筑资源整合起来，通过利用自然光、高技术支持以及完全的资源循环和再利用等方式，创造一个健康的建筑内部空间。绿色设计通常高效地使用生态敏感资源，即不可再生能源，以此减缓能源和污染所产生的危机；但是，一旦这些支持建造的能量是不可持续的，设计本身也就变得不可持续。而可持续设计则不同于绿色设计，它更加综合、全面，将设计研究的范围扩大到村落、城市、区域等尺度；强调建造的过程不再依赖不可再生的能源，而是从自然中获取可再生能源，以减少人类活动对环境污染和能源使用产生的双重压力。

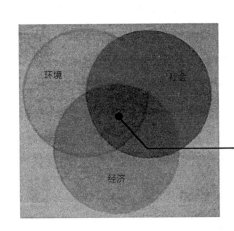

图1-7 可持续设计的三个维度

图片来源：作者绘制

1.4 研究方法与创新点

1.4.1 研究方法

本课题采取文献研究和调查研究相结合，定性研究和定量研究相结合的方式进行理论研究，具体内容如下：

（1）文献研究与调查研究相结合

文献研究方面，笔者通过查阅国内、国外相关前沿理论文献，在学习已有理论研究成果的基础上，梳理相关方面成果的研究脉络：

首先，通过文献检索，了解有关可持续农业社区研究已经取得的理论成果和研究现状，以便掌握相关的科研动态和前沿进展，使得研究具有一定的指向性；主要方法是通过网络数据库、图书馆资料和网络资源，将搜集到的涉及可持续设计、新农村建设、农业社区等相关检索词的文献进行初步的分类和整理。

其次，查阅原始文献，初步筛选出与可持续农业社区研究直接相关的、有价值的文献资料，再根据研究需要进行大量的阅读和分析。

调查研究方面，书中所涉及的调查研究工作共包括实地调研和问卷调研两个部分：

首先，笔者就正文第3章内容所涉及的两个北方传统农业村落陕西党家村和河北北鱼口村进行了实地调研，对当地经济水平、社会现状以及生态环境进行了深入的走访。

其次，在正文第6章当中，研究结合可持续农业社区的设计实践，对项目选址范围内所涉及的几个现状村落进行了多次的现场踏勘和大量的实地调研工作，具体包括河北省保定市大汲店村、后高庄村、西阎童村、东阎童村、南阎童村、郭村、汤村，为设计实践打下了坚实的基础。

最后，在正文第7章可持续农业社区发展评价指标体系的研究当中，笔者向相关专家、学者发放调查问卷共25份，收回有效问卷25份，就有关可持续农业社区经济、社会、生态环境三个层面的相关内容进行了细致的调研。

（2）定性研究和定量研究相结合

传统建筑设计和规划设计中，由于研究中各种复杂因素的制约，往往采取定性研究[1]的方法。定性研究的理论基础主要源于现象学当中的解释主义科学方法论，即研究主体和研究客体并不是两个截然分离的实体，而社会现象又会受到人们主观价值因素的影响。笔者在研究中采用的定性研究的方法，主要包括以下几种方式：访问、观察、图论以及案例研究。通过对包括现场访谈记录、对话、照片等原始资料的处理，以便达到更好地描述与解释事物的目的。

然而，如果研究仅局限于定性研究，便很难发现隐含在研究事物内部的深层规律，导致研究缺乏科学佐证。因此，本书在研究过程中加入了定量研究[2]的内容，以弥补单一的定性研究所带来的不足。

笔者在研究中采用的定量研究方法，主要包括以下两个方面：

首先，借助空间句法（Space Syntax）理论及其相关计算分析软件Depthmap进行量化分析。例如正文第3章，笔者根据实地测绘数据，对陕西党家村和河北北鱼口两地的典型院落式住宅，以及街巷空间和村落形态分别进行了凸空间分析和轴线图分析，从拓扑学的角度挖掘传统村落空间自组织的深层机制，而居住与农耕活动之间的内在关联正是可持续农业社区研究的起点；另外正文第6章，笔者借助轴线图分析对大汲店项目设计方案进行了校验，进而判断新的方案是否以原有村落形态的空间自组织机制为前提，能够产生较好的人流经济。

其次，笔者在正文第7章借助网络层级分析法（ANP）及其相关求解软件Super Decision，初步建构了可持续农业社区的发展评价指标体系的框架，较为科学地得出各个层级指标的相应权重。

上述定量研究从数理和统计模型的角度来揭示事物的数量关系、特征变化，其分析结果具有科学性、客观性、精确性，一定程度上弥补了定性研究的不足。因此，本研究采取定性研究和定量研究相结合的方法，有利于研究结论的客观、全面和系统性，避免研究视野的局限性。

---

① 定性研究，即指对事物"质"的方面的分析和研究，定性研究主要通过解决研究对象"是什么"，以及现象"为什么会发生"等本质性问题，继而对研究对象做出相应描述，达到反映对象特征和本质的目的；定性研究侧重于语言描述和逻辑推理。

② 定量研究，即指对事物"量"的方面的分析和研究，定量研究侧重于用数学的方式解决研究对象"有多少""是多少"的问题，继而检验对研究对象的理论假设是否正确，并推断事物的因果关系。

1.4.2 研究创新点

（1）提出并明确了可持续农业社区的概念

研究提出了"可持续农业社区"的概念，拟从规划设计的角度探讨一种新型的空间形态；该社区不同于传统意义上的城市和农村，它在经济和社会水平方面等同于城市，而在空间形态和自然环境方面则保留了乡村的优势。

可持续农业社区包含了农业形态、可持续性以及社区意义的村落三层含义；其经济以农业为主导产业，适当发展与之相关的多样化经济产业链。研究要求将社区内部的居住与农业看作是一个相互嵌套的整体系统，同时在农业社区与周边城市之间建立密切的联系。

作为一种以农业为主导产业的新型社区空间形态，综合分析并确定可持续农业社区的合理规模是课题深入研究的必要前提。研究根据实地调研情况与既有理论研究，从耕作半径、适度人口、规模效应、社区构成与适宜密度等角度进行综合分析，最终确定农业社区的适度人口应控制在3万~5.5万人这一合理区间，并提出了可持续农业社区的空间简化模型，较为充分地论证了可持续农业社区设计、实施的现实意义和可行性。

（2）初步建立了可持续农业社区设计研究的框架

可持续农业社区设计以"生态模型"为基础，其设计内容主要包括深层结构和浅层结构两个方面：其中，深层结构由经济要素、社会要素、环境要素三个维度构成，是社区整体系统结构平衡的内显；而浅层结构由空间形态和道路交通两个要素组成，是社区整体系统结构功能的外化。上述五个要素共同构成了可持续农业社区设计的主要内容，各个要素之间相互作用、相互制约。可持续农业社区设计要求将社区作为一个整体系统进行统筹考虑，而不是将其各个要素从系统中剥离或者破碎化；同时设计还要求兼顾单一社区与相邻社区之间，以及农业社区与相邻城市之间的协作与互补关系，实现真正意义上的城乡统一。

研究提出了可持续农业社区的设计原则与整体目标，结合保定大汲店生态农庄项目进行案例研究，探讨了一种"填充式"的空间开发模式；研究力求通过一系列具有创新精神的、可持续的规划设计策略的投入，最终建立起一个具有一定积聚规模的、联合意义的新型农业社区。研究的最终目标如下：

1）形成一套完善的可持续农业生产战略，以提高农业生产、食品加工的能力，不仅满足当地社区的自身需要，还为周边主要城市区域提供新鲜的食物来源；

2）传承传统农业文化，在人与自然之间形成和谐共存的关系；

3）根据地方特点建立农业经济的补充产业，例如社区商业、食品加工产业、乡村生态旅游产业，以便增加当地居民的经济收入；

4）将吸引城市人口到可持续农业社区旅游、定居甚至就业变为一种可能，同时为城市居民的生活方式提供更多有益的选择；

5）稳定农村人口基数，防止农民向城市盲目转移，同时为乡村积累财富，使之与城市之间形成公平竞争和积极发展的经济前景。

（3）初步建立了可持续农业社区发展评价指标体系的框架

研究以可持续农业社区的发展为评价对象，从经济发展、社会生活以及生态环境三个维度，初步构建了可持续农业社区发展评价指标体系的框架。

该评价指标体系具体内容包括生活和福利水平持续增长、社会环境的稳定、自然生态环境的协调3个准则层指标，12个网络层指标和50个指标层指标，以期实现可持续农业社区社区内部经济、社会和生态三个子系统的平衡发展。

研究运用网络层级分析法（ANP），利用25份有效调查问卷所得到的结果，对可持续农业社区发展评价指标体系进行了相关评价。评价结果显示，经济发展、社会生活和生态环境3个准则层指标的权重差异较大，分别为20.98%、24.03%和54.99%；数据表明生态环境子系统在可持续农业社区的发展中作用最大。该评价结论为可持续农业社区的发展提供了较为科学、客观的决策依据。

第 2 章

可持续农业社区研究的
理论基础

现代城市规划学科对城市的偏好，造成了农业地区空间形态研究长期落后的现状；可持续农业社区研究意在打破这种现状，探讨一种可持续发展的新型农业社区，其空间形态依然是乡村式的，而科学、社会、经济活动水平却等同于城市。从城乡关系的角度出发，可持续农业社区实际上是"城乡一体化"的表现形式之一，通过整体空间策略的实施，在加强城乡联系的同时，实现农业社区内部的可持续发展。

2.1 协调发展的城乡观：田园城市

2.1.1 模型主要参数

英国社会学家霍华德（1850-1928）在《明日的田园城市》（*Garden Cities of Tomorrow*）一书中详细描绘了一种不同于传统城市与传统农村的新型空间结构——"田园城市"（图2-1），该结构围绕大城市周边，本质上起到了分散核心城市功能的作用；每个田园城市中设立必需的地方服务和设施，周围有农田环绕，权利和责任的分散使得居民可以按照自己的需要和意愿创造社区，结合了城市与乡村的优势，具有较大程度的开放性与灵活性[①]。其模型主要参数包括：

（1）用地与人口

"田园城市"模型总用地为6000英亩（约为2430公顷），其中包括城市用地1000英亩（约为405公顷），农村用地5000英亩；规划总人口32000人，其中城市人口30000人，农村人口2000人。城市部分居于土地中心附近，从中心至边缘距离约为3/4英里（约为1200m），人均用地约135m²/人。彼得·霍尔指出，霍华德的田园城市拥有相当高的居住密度，大约为15户/英亩，以当时英国普通家庭人口规模计算，相当于

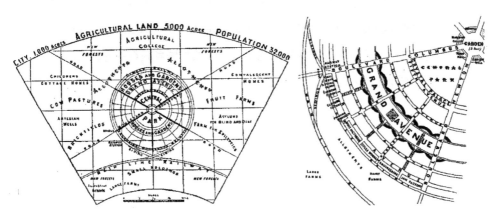

图2-1 田园城市图解
图片来源：埃比尼泽·霍华德著，金经元译. 明日的田园城市［M］. 北京：商务印书馆，2000.

---

① Ebenezer Howard. Garden Cities of Tomorrow［M］. MIT Press, 1965.

80～90人/英亩，约合200～225人/公顷[1][2]。

（2）放射状结构

从中心向四周的主要交通依赖六条宽度120英尺（约36.6m）的林荫大道，由内到外分别包括：城市中心——一块面积为5.5英亩的公共花园，花园四周则环绕布置包括图书馆、市政厅、医院、音乐厅、剧院、展览馆等在内的大型公建；中央公园（Central Park）——面积为145英亩的城市公园，拥有开放而宽敞的游憩空间，公园外侧边缘被连续的玻璃拱廊（Crystal Palace）环绕，具有展示展览、商品交易的功能；城市住宅——共5500块住宅用地，平均面积为20英尺×130英尺（最小20英尺×100英尺），大多数住宅面向街道，建筑设计手法多样化的同时，有着严格的沿街退线与卫生标准，住宅用地被一条宽度420英尺，长度3英里的带形绿地（Grand Avenue）分为两个部分，实际构成了城市住宅用地中间一个面积为115英亩，包括学校、教堂、游憩等功能在内的街心公园；城市外环围绕铁路设置工厂、仓库、市场、养牛场、煤场、木材厂等功能，利用铁路进行运输；城市垃圾用于当地农业，农业用地包括大农场、农户、自留地、奶牛场等单位，在农户附近发展市场，鼓励农业自主经营与自由竞争；城市的四周分布各类慈善机构，由热心公益的人维持管理[3]。

（3）管理与经营

另外，霍华德在对田园城市的空间结构做出合理安排的同时，深入分析了田园城市管理经营和维系存在的可行性，他指出田园城市的"全部收入来自地租"。霍华德以农业用地收入的合理性为前提，提出使农民自愿支付地租的前提条件应包括在农民居住地附近修建市场以便吸引稳定的销售渠道，减少运输的费用；着手考虑整个田园城市的排水排污系统，以便城市垃圾及时返还土地，提高土地的肥力；实施严格的租地法规范承租市场，保证承租人的生产积极性与土地的生产率等方面的积极措施。通过农业用地收入的设计，虽然农民将交纳多于过去50%的税租，但这些资金转化成学校、市场、道路的形式，将间接提高农民的农业收入（表2–1）。

---

① Peter Hall. Cities of Tomorrow［M］. Wiley-Blackwell，2002.

② 彼得·霍尔，科林·沃德著，黄怡译. 社会城市——埃比尼泽·霍华德的遗产［M］. 北京：中国建筑工业出版社，2009.

③ 埃比尼泽·霍华德著，金经元译. 明日的田园城市［M］. 北京：商务印书馆，2000.

田园城市农业用地收入估算	表 2-1
5000英亩土地的承租人原来要交纳的地租大约为	6500英镑
+50%的地方税与偿债基金	3250英镑
=农业用地的总税租	9750英镑

数据来源：埃比尼泽·霍华德著，金经元译. 明日的田园城市 [M]. 北京：商务印书馆，2000.

2.1.2 早期城乡协调观念的体现

霍华德从社会学家的角度出发，较为尖锐地指出工业社会带给人类进步的同时，也带来了城市贫困、环境恶化等社会问题。"田园城市"理论包含了早期城市、乡村、自然环境相互平衡、相互协调的生态观点，体现了可持续设计的诸多特征。霍华德用三块磁铁分别象征城市、乡村、城市—乡村（图2-2），以此说明城市与乡村各有相应的优点和缺点，只有结合了二者优点的"城市—乡村"结构才能避免社会与自然畸形分离的现状。田园城市理论倡导以一种城乡结合的新型社会结构形态（图2-3）来取代城乡对立的旧有社会结构形态；霍华德将这种愉快的结合，比喻成"城市与乡村的联姻"，进而激发出新的希望、新的生活与新的文明。

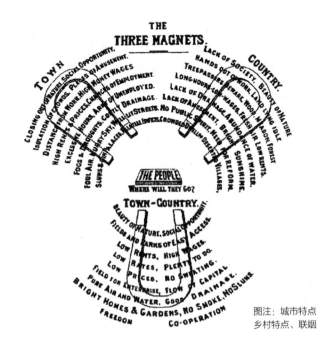

图注：城市特点、乡村特点、联姻后

图2-2 城乡磁铁图

图片来源：埃比尼泽·霍华德著，金经元译. 明日的田园城市 [M]. 北京：商务印书馆，2000.

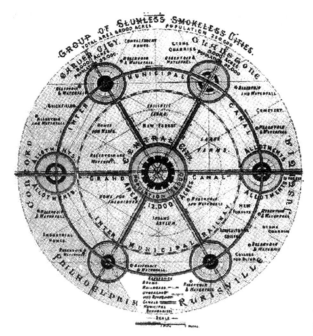

图2-3　中心城市与田园城市的关系
图片来源：彼得·霍尔，科林·沃德著，黄怡译. 社会城市——埃比尼泽·霍华德的遗产 [M]. 北京：中国建筑工业出版社，2009.

　　图2-3表明，从空间模式的角度来看，田园城市无疑是一种城乡交融、群体组合的社会城市。金经元在《近现代西方人本主义城市规划思想家：霍华德、格迪斯、芒福德》一书中强调："霍华德的田园城市理论的核心就是城乡一体化。"[①]张京祥则在《西方城市规划史纲》一书中明确表示田园城市是基于城市与乡村优缺点的对比而提出的一种包括空间形态、社会构成、性质定位以及管理运作等方面在内的新型结构，他归纳总结了田园城市对于现代城市规划学科发展的重要贡献，主要包括：（1）奠定了人本主义的规划思想，表明城市规划应关注公民的利益，避免显示统治者的权威与张扬设计师的个人审美；（2）摆脱就城市论城市、就乡村论乡村的狭隘观念，从整体系统的角度解决日益严峻、复杂的社会环境问题；（3）形成了较为完整、系统的规划思想与实践体系，将社会改良与物质规划结合，成为后续研究的理论基石[②]。

①　金经元. 近现代西方人本主义城市规划思想家：霍华德、格迪斯、芒福德 [M]. 北京：中国城市出版社，1998.

②　张京祥. 西方城市规划史纲 [M]. 南京：东南大学出版社，2005.

2.2　自然主义的乡村观：广亩城市

2.2.1　模型主要参数

美国建筑师赖特（1867–1959）是一个纯粹的自然主义者，他反对大城市的集聚与专制，强调城市的极度分散化，要求完全融入自然乡土环境之中。赖特在《正在消失的城市》[①]（The Disappearing City）一书与《广亩城市：一个新的社区规划》[②]（Broadacre City: A New Community Plan）一文中表达了一种极度分散的、低密度城市结构，即"广亩城市"；赖特指出"让每一个男人、女人和孩子都有权利拥有1英亩的土地，使他们都能够在这片土地上生活、居住"。该城市结构主要参数包括以下几个方面：

（1）用地和人口

"广亩城市"模型（图2-4）总用地为4平方英里[③]（大约等于1036公顷），最多可以容纳1400户家庭，该模型作为广亩城市中较为典型的空间布局，又可以划分为4个1平方英里的单位模块，每个模块用地大约为258.9公顷。城市网格可以向北或向南自由发展，但需要根据具体的气候条件和地形条件做出适当的调整。按照当时美国平均5人/户计算，可以得出人口密度大约为6.76人/公顷，与田园城市较高的居住密度相比，广亩城市实质上倡导的是一种低密度的居住形态，人均用地面积为1480m²/人。广亩城市将大量的果园、耕地纳入城市的范围，真正实践了赖特提出的"城市分散于广亩大地，人人拥有一片自然"的乡村城市理想。

图2-4清晰地展现了广亩城市基本要素的空间安排，主要内容包括毗邻于农田的小型工厂，以便其燃烧煤炭所产生的烟尘和废气从源头上得以消除；小尺度的农场，分散的学校，多样化的住宅，各种级别的学校，社区型的图书馆，简单的政府和办公以及安全的交通，所有的元素都以一种简单的方式产生协同效应。分散在社区中的耕地，成为城市中最吸引人停留的场所。农业生产和畜牧业以及社会结构中的其他部

---

① Frank Lloyd Wright. The Disappearing City [M]. W. F. Payson, 1932.

② Frank Lloyd Wright. Broadacre City: A New Community Plan [J]. Architectural Record, 1935（4）：344～349.

③ 1平方英里约等于2.59平方公里（或约100公顷）

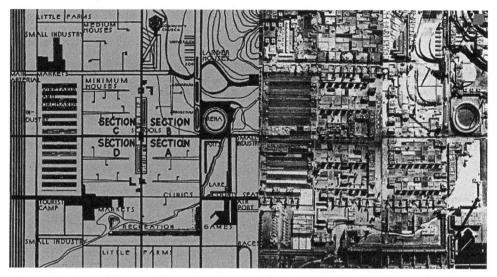

图2-4　广亩城市平面示意图
图片来源：Frank Lloyd Wright. Broadacre City：A New Community Plan ［J］. Architectural Record，1935（4）：347.

分，均通过一定的方式相互协调，这是一种纯粹的自然主义理想的空间表达方式。

（2）自给自足的网格状结构

整个广亩城市的构想，正是在若干面积为1英亩（约等于4047m^2）大小的模块基础上所形成的空间网格结构。不仅整个城市被重新分散在广阔的农业网格之上，就连单位城市网格的内部也作了彻底的网状划分，广亩城市模型的最小网格尺寸为264×165英尺（约为80m×50m），共640个。每户周围都有一英亩土地（4047m^2）[1]，足够生产自己消费的粮食和蔬菜。居住区之间以高速公路相连，提供便捷的汽车交通；沿着这些公路，赖特建议规划路旁的公共设施、加油站，并将其自然地分布在为整个地区服务的商业中心之内。广亩城市表达了一种自给自足的理想社会的空间模式，其主要内容包括以下几个方面：

①总用地为4平方英里，居住密度以1400户家庭为上限，城市在以1英亩为模数的单位面积上呈网格状发展；中心区基本上是1～3英亩的独院组成，建筑均为美国风格的住宅，由住户自己根据当地实际的气候情况进行建造，建筑风格、形式多样。②在

---

[1] Frank Lloyd Wright. Broadacre City：A New Community Plan ［J］. Architectural Record，1935（4）：344～349.

分散式的城市中，利用直升机作为交通工具，同时还有穿越城区的架空干道以及高速单轨铁路。③架空干道宽度可以容纳10辆小汽车和两辆卡车，干道下面是连续的仓库；城内的道路是以一英里为见方的网格式布局，其中还有相隔半英里的次级道路和更加次级的街巷。主要道路交叉口都设有车站，路边布置商业、市场、旅馆和汽车旅馆。④城市边缘区为工业用地和大面积耕地；包括小尺度的私人手工业工厂、工人住宅以及果园、植物园。⑤在湖泊、山地等风景优美的地方布置娱乐、休憩、文化、体育、卫生和宗教等设施。⑥供水和动力线埋置于地下，配有广播电视电信系统。

2.2.2 自然主义乡村观的体现

实际上，广亩城市是根据赖特本人强烈的自然主义思想与意愿，进而形成的一个与城市形态对立，被神化了的新生乡村。正如赖特毕生所致力于的"草原住宅"所表现出的优雅与淡然那样，广亩城市高度重视自然环境，强调人工环境与自然环境的结合；反对大城市的集聚与专制，追求土地与资本的平民化，即人人享有资源，并通过新的技术（小汽车、电话等）来使人们回归自然，回到广袤的土地中去，让道路系统遍布广阔的田野和乡村，人类的居住单元以网格的形态分散布置，促使每一个人都能在10～20英里的范围内选择其生产、消费、娱乐和自我实现的方式。

"形式"和"功能"是广亩城市中最为重要的内容，但并不是其最终模式。4平方英里范围大小的模型仅仅代表了广亩城市中一个最为典型的空间单元，而具体的功能布局和建筑设计将根据实际的气候和地形条件做出适当的安排和调整。广亩城市不仅仅是一个城市物质形态的构想，更为重要的是它表达了赖特对于社会与经济事务的看法，以及一种美国的理想社会生活模式。正如赖特在《正在消失的城市》一书中所述"未来的城市将是不存在而又无所不在的，与古代的城市和今天的城市完全不同"，他还预言"在美国，广亩城市无需建立就会自己出现"。其另外一篇文章《广亩城市：一个新的社区规划》说明了上述趋势必然出现的三个原因：首先是汽车在家庭中的普及；其次是电台、电话、电报等远距离交流方式的出现；另外，还包括标准化机器生产的推动性作用。

充分地认识到模块单元的分散化与灵活性，以及农业种植在社区中的重要作用并接近和保护自然的生活环境，这些都是"广亩城市"当中积极的空间构想。与霍华德所主张的城乡结合的"公司制"社会结构——田园城市相比，赖特的广亩城市更像是一个农村合作社，是一种自给自足的小农经济社会，它没有城市的中心，也没有大型的企业，它本质上赞同大城市的瓦解与消亡，同时否定大城市的经济模式。陈伯君在《"逆城镇化"趋势下中国村镇的发展机遇》[①]一文中指出赖特的"广亩城市"从人与自然的天然联系出发，满足了人在城市功能的弊病与异化过程中，对抗异化和追求自然的本能需求，因此更容易被人们接受。正因为上述原因，赖特的"广亩城市"后来成为众多美国人极力追求的"美国梦"，在美国地广人稀、交通发达的社会背景之下，城市郊区无序蔓延的景象，从一定程度上反映了广亩城市对于美国当今社会的深刻影响。

2.3　可持续的社区形态：新城市主义

2.3.1　模型主要参数

新城市主义（New Urbanism）作为对现代主义城市规划方法的反思，以及应对城市蔓延现象的"良药"，自20世纪80年代末首先在美国提出，至今已有二十余年的历史。其主要内容包括重新塑造具有传统城镇生活氛围的发展模式，强调居住的共生性、多样性、地方性，强调紧凑、适宜步行、功能复合的社区形态，提供满足居住多样性的住宅等理念[②]。新城市主义在实践中，提出一种在"邻里单位"理论（C. Perry，1929）的基础上发展而来的复合社区开发模式——TND（Traditional Neighborhood Development），即"传统邻里发展模式"[③]（Andres Duany，1982），该模式成为新城市主义大量实践的理论基础（图2-5）。

（1）用地和人口

"TND"模式以"邻里单位"平面为基础，根据现代生活的需要进行了空间的调整，但是整个结构并没有实质性的改变；TND要求采用复合功能的居住开发模式，在

---

① 陈伯君. "逆城镇化"趋势下中国村镇的发展机遇——兼论城镇化的可持续发展 [J]. 社会科学研究，2007（3）：58～68.

② 戴晓晖. 新城市主义的区域发展模式——Peter Calthorpe的《下一代美国大都市地区：生态、社区和美国之梦》读后感 [J]. 城市规划汇刊，2000（5）：77～80.

③ 沈克宁. DPZ与城市设计类型学 [J]. 华中建筑，1994（2）：31～32.

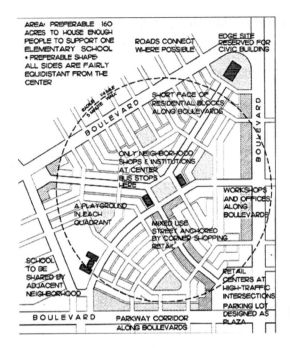

图2-5　TND模式平面示意图
图片来源：谷歌网http://www.google.com

空间布局上依据步行尺度进行街道和建筑的设计及布局。

图2-5显示，该模型总用地面积为160英亩（约64.75公顷）；从邻里中心至用地边缘其半径为1/4英里（约400m），步行大概5～10分钟的距离即可到达。在开发密度和开发强度方面，TND提出居住模式多样化的设想，住宅的类型和体量大小应有所不同；但是社区平均居住密度较高，为每英亩至少包含8个及其以上的家庭单元（按5人/户计算，人口密度约99人/公顷）。模型建议围绕在核心区域附近可以安排布置较高密度的住宅，包括多户住宅或附属单元；而较低密度的住宅，通常为独立式住宅一般可以靠近邻里边缘进行设置。公共区域应当布置在社区中心，其建筑密度需要符合并满足周边住宅开发的强度，临街布置的建筑还需要强化街道的边界、人行横道和交通节点等空间。

（2）紧凑式复合邻里结构

"TND"模式主张以传统邻里发展模式为原型，发展紧凑式的复合社区空间结构，主要包含以下几个方面的内容：

复合社区——开发采取居住与非居住土地混合使用的发展模式，其中全部开发土地中至少10%以上的面积用于非住宅类开发。大部分非住宅类开发位于社区的核心区域，方便和鼓励居民在步行距离之内到达；并且在核心区内，至少有15%以上的建筑，其首层区域作为商业用途，面向和服务于社区居民[1]。其他公共服务设施，例如学校、教堂、市政建筑，以及公共开敞空间（广场、公园、运动场地、绿道）等将作为邻里要素进行整体和统一的考虑。

街区尺度——道路网络的设计要求紧凑且相互贯通，即每条街道应当尽可能与其相毗邻的街道产生联系，街道间距一般为70~150m之间。除此之外，街区尺度的大小还和场地地形、环境保护、文化资源的维系等因素有关。衡量一个街区内在联系程度的水平，需要观察街道容纳复合线路、复杂交通和缩短步行距离的能力。大多数的TND街道在设计上都以交通最小化为原则，街道路面相对较窄，而且在道路两旁种植各具特色的行道树。

不同级别的道路尺度详见表2-2。

TND 街道设施宽度列表（单位：英尺[2]）　　　　　　表2-2

街道类型	单向车道	停车带	自行车道	边沟	中间边沟
小巷	8	8	无	1	无
街道（东西向）	9	6	无	2	无
道路（南北向）	11	6	6	2	1
主要街道	11	6	6	2	1/无
宽阔的道路	11	6	6	2	1
林荫大道	12	无	无	2/无	1/无

数据来源：David McCoy，Len A. Sanderson，J. D. Goins. Traditional Neighborhood Development（TND）Guidelines [M]. North Carolina：NCDOT Press，2000.

2.3.2　社区可持续发展观的体现

新城市主义无疑是继现代主义之后，对于当代城市规划和建设最有影响力的理论

---

[1] David McCoy，Len A. Sanderson，J. D. Goins. Traditional Neighborhood Development（TND）Guidelines [M]. NCDOT Press，2000.

[2] 1英尺=0.3m。

之一；其成功之处在于一定程度上缓解了现代主义运动的"分区规划"①所带来的城市空间结构失调，以及社会、经济、环境不可持续等现象。与其他任何一种城市规划运动相比，新城市主义在实践中得到了更多来自社会和政府的支持。但是，也有一些反对的声音指出新城市主义的规划思想和设计手段与霍华德"田园城市"、欧洲旧城改造以及环境保护主义等理论和实践相比"缺乏新的东西"②，例如，传统邻里概念的提出以及主张步行社区的主张来源于佩里（1929）的"邻里单位"理论，而强调复合的、多样性的、高密度的社区结构以及传统街区、街道特征的保留等想法在简·雅各布斯（1961）《美国大城市的死与生》一书中涉及③④。对于这样的批评，新城市主义的倡导者也坦言"他们并无意去创造什么前所未有的奇思妙想，而是更多地将目光转向那些历经时间考验而生命力已久的东西及其所包含的持久不变的特质"⑤。

从TND的模型参数来看，新城市主义所主张的用地布局和空间尺度等方面的城市设计是以"人的尺度"为依据，意在创建适合于步行的邻里社区；与通常意义上的单一功能的郊区开发模式相比，TND是一种具有复合功能的开发模式，同时拥有较高的居住密度和开发强度。新城市主义较为尖锐地指出现代主义城市规划理论所主张的明确的城市功能的划分阻碍了城市作为统一体的协调发展，包括居住、工作、购物和娱乐等在内的社会功能应该进行重构，并融入邻里空间中去，以便提高社区的凝聚力；社区本身应该是多样化的，结构紧凑，采用以步行为导向的交通模式。

事实上，新城市主义将可持续设计的思想从单纯的建筑尺度，扩大到了社区、城市乃至区域的尺度，要求以整体性的原则来看待社区与城市的关系，作为一个"区域"的概念统筹安排，而不是各自孤立的部分⑥。

当前有关新城市主义的理论探索与建设实践正在向着可持续发展的方向迈进，正

---

① 张京祥. 西方城市规划思想史纲［M］. 南京：东南大学出版社，2005.
　雅典宪章（CIAM，1933）指出城市功能分为居住、工作、游憩、交通四大部分，各个部分之间存在机械联系并各自寻求适宜的发展，该观点对于现代主义城市规划理论产生了较为深远的影响。

② 王慧. 新城市主义的理念与实践、理想与现实［J］. 国外城市规划，2002（3）：35～38.

③ 简·雅各布斯著，金衡山译. 美国大城市的死与生［M］. 南京：译林出版社，2005.

④ 刘铨. 关于"新城市主义"的批判性思考［J］. 建筑师，2006（3）：60～63.

⑤ 洪亮平. 城市设计历程［M］. 北京：中国建筑工业出版社，2002.

⑥ Peter Calthorpe，William Fulton. The Regional City: Planning for The End of Sprawl［M］. Island Press，2001.

如彼得在《可持续的社区：城市、郊区和城镇设计的新模式》一书中所表述的那样，新城市主义的目标在于改变城镇化过程当中出现的环境退化、社会隔离、基础设施和公共服务成本过高、开放空间消失和生态环境成本不可逆等问题和现象[1]；而新城市主义理论本身也成为一种社区可持续发展的形式表达和观念体现。

本章小结

本章立足于社区尺度的三种空间理论模型的主要参数及空间结构的图形和量化研究，即田园城市、广亩城市以及新城市主义TND模式；从中找到可持续农业社区统一协调、整体发展的内在动力和理论支持，以实现社区可持续发展的最终目标。

通过理论梳理和比较研究，可以得出以下两点结论：

（1）霍华德的"田园城市"理论从良性的社会改革、适度的空间规模、城乡的协调共生等方面，展示了一种包含了乡村在内的可持续的新型城市形态，为后续的理论研究奠定了基础；而"广亩城市"理论则体现了较为强烈的个人主义，但是其"寄城市理想于乡村之中"的自然主义观点，表达了赖特尊重自然、依赖自然的美好意愿。上述两种理论从研究的初始，便意识到乡村环境的优势，主张城市与乡村的结合，其不同之处在于田园城市是一种"既要保持城市经济和社会活动，又要结合乡村自然环境"的折中方案，而广亩城市则强调一种"完全抛弃城市结构特征，真正融入自然乡土环境"的"没有城市的城市"；其共同之处在于二者均是分散主义思想的体现，并同时指出"城市—乡村"的统一融合是城市和社会发展的必然趋势。

（2）新城市主义的观点与前面两种观点相比，其研究的最初动力是通过重新改造那些因城市郊区化发展而被荒废的城市中心地区，并使之恢复活力；后期通过理论和实践的进一步发展，才将其基本原则和设计思想延伸到郊区城镇紧凑开发模式的探索中来。20世纪90年代之后，新城市主义以其创造"紧凑且功能复合，适宜步行和珍视环境的可支付性社区"的核心思想，成功地将后现代主义当中多元价值并存、社会公平与公正、注重文化传统与人的尺度等观点与现实社会生活和自然环境有机地结合起来；其后续研究正向着更为宽泛、更为明确的方向发展，如"精明增长"（Smart

---

① Sim Van der Ryn，Peter Calthorpe．Sustainable Communities：A New Design Synthesis for Cities，Suburbs and Towns［M］．Sierra Club Books，1986．

Growth）"紧缩城市"（Compact City）等规划概念的提出，直接将新城市主义引向当前全人类普遍关注的城市空间形态可持续发展的理论探索与实践中去。

　　本章研究没有局限于已有文献当中对于相关理论的思想根源、发展历史以及政策主张等方面的"述评式研究"，而是以各个理论的空间模型为着眼点，通过图示、量化、比较等方式的研究，从中找到上述理论的共性和差异，进而为可持续农业社区理论研究提供社区尺度的数据支持。同时，城乡关系的协调与可持续发展，保持乡村的自然特征，以及传统空间的维系与保留等观念，也为后续研究指明了方向。

第 3 章

传统农村的
生态观本质

　　中国是一个有着几千年农业文化传统的民族,其传统农村作为农民的聚居地点,空间形态多是自下而上进行生长;虽然缺少统一的规划,但是由于居住传统和社会文化的长期积淀与传承,村庄往往呈自组织、自适应的有机状态且整体性较强,体现了朴素主义的生态观。费孝通认为中国社会从基层的角度来看"是乡土性的",也正是这个"土"字揭示了乡村社区与土地之间天然而内在的和谐关系,而传统乡村中所蕴含的生态观念恰恰是可持续农业社区研究的起点。

3.1 尊重自然

3.1.1 村庄选址与地形地貌

中国传统农村在漫长的历史发展过程当中，形成了较为和谐的人地关系。简单地讲，"人地关系"就是指"人口与土地之间的相互关系"；陈剑峰（2008）认为人地关系实际上是"人类活动与其周围环境间形成的利用与被利用、作用与反作用的相互关系[①]"。与城市聚落相比，农业聚落在选址方面对于自然环境和地形地貌的反映显得更为直接和明确，例如，人们在靠近水源的地方定居，在平坦肥沃的土地上耕种，在适宜居住的位置建设，街巷与房屋空间关系的形成因地制宜、顺应自然[②]。中国传统村落在其自下而上的形成过程中，"天人合一"的朴素人地观念成为农民进行村庄建设的重要指导思想。

当然，影响村庄形态演进的主要因素除了自然环境之外，还包括社会人文和经济技术两个方面；但是与后两个因素相比，自然环境因素的影响是首要的和客观的，并且较为稳定，在短时期内不会有大的变化。由于中国农耕社会受到封建制度长期统治以及经济技术落后等因素的制约，使得传统农村的演变过程十分缓慢；其村庄选址和空间结构的形成普遍都会经历"定居——发展——稳定"这样一个自组织的过程[③]。村庄的最初形态为零星的独立村落，这些分散的村落再以河流、道路等要素为骨架集聚成为带状聚落，最终向团状聚落发展[④]（图3-1）。

以构成中国腹地的两湖地区为例，由于这里湖泊水系众多，长江、汉水开发较晚，当地居民以打鱼为生，或者采取半耕半渔的生产方式，因而一些流动型的聚落便形成了。杨国安（2004）认为，到了晚清时期，散居仍是该地区人们聚居的一种常态，处于山区的村落依山势而建，而处于平原的村落则沿河岸而居；其主要原因之一在于当地水网密布，水乡的道路网未能充分建立起来，农民为了运送肥料和收获庄稼

---

① 陈剑峰. 试述宋至明清时期杭嘉湖地区人地关系的调试 [J]. 东岳论坛，2008（4）：121～125.

② 谭立峰. 河北传统堡寨聚落演进机制研究 [D]. 天津：天津大学，2007.

③ 骆中钊，王学军，周彦. 新农村住宅设计与营造 [M]. 北京：中国林业出版社，2008.

④ 邱娜. 新农村规划中的公共空间设计研究——以陕西农村为例 [D]. 西安：西安建筑科技大学，2010.

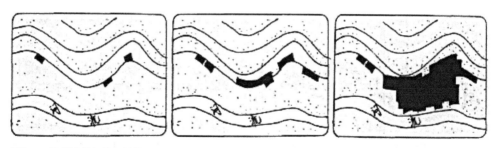

图3-1 聚落选址与地形地貌

图片来源：邱娜. 新农村规划中的公共空间设计研究——以陕西农村为例［D］. 西安：西安建筑科技大学，2010.

的便利，居住与田地不能相距太远①。而与之相比，华北平原土地广阔平坦，密集的乡村路网为马车、牛车和手推车等通行提供了方便，从而使村落聚居成为可能②。

3.1.2 地方形式与气候条件

中国地域辽阔，气候条件南北、东西差异较大；但是不同地域的传统村庄建设，在适应和改善气候条件、巧妙组织建筑空间布局等方面，却高度一致地采取了"保护自然、尊重自然"的建设态度。

出于对自然环境与气候条件的回应，中国传统村落外部形象呈现出鲜明的、多元化的群体特征，其形成的首要原因得益于民居单体对地方气候条件的自我调适和演变③：例如，黄河中上游地区的居民利用黄土断崖挖出横穴作为居室，窑洞的形式便于室内保温，但受到地域性的局限；南方地区民居多采用干栏式建筑，架空竹或木头作为居室，躲避炎热潮湿的气候；北方大部分地区传统民居则采用土坯砌筑墙体，且开窗较小，保温性能良好。

另外，院落在建筑局部微气候的调节功能方面发挥了积极的作用④：北方民居大多为一层的合院式布局，院落尺度较为开阔，建筑围绕院落四周设置门窗，以便获得更多的采光，冬季可以避免北方的寒风侵袭，而夏季则在院落中形成建筑的投影，起

---

① 杨国安. 晚清两湖地区基层组织与乡村社会研究［M］. 武汉：武汉大学出版社，2004.

② 贺雪峰. 中国传统社会的内生村庄秩序［J］. 文哲史，2006（4）：150～155.

③ 张良皋. 匠学七说［M］. 北京：中国建筑工业出版社，2004.

④ 李长虹，舒平. 本土与外来——双重文化影响下的天津近代城市住宅. 华中建筑，2010（6）：126～128.

到遮荫纳凉的作用；而南方大部分地区民居的院落为狭窄的天井式布局，利于获得良好的通风，以改善闷热、潮湿的气候环境（图3-2）。以北方传统院落式民居为例，采用Airpak2.0人工环境系统分析软件对陕西党家村和河北北鱼口两处典型院落的采样进行风环境模拟（图3-3），分析结果表明：

（1）采样一（陕西民居）院落呈狭长的矩形平面，南北向布局，取人行高度1.5m处进行风环境模拟，数据表明冬季院落内部风速基本上在1.8m/s以下，且在正房后面出现了静风区，有效地阻止了冬季当地寒冷北风的侵袭；而夏季院落内部风速在2.0~2.5m/s的区间，有利于自然通风，有效地缓解了西北地区夏季干热气候对居住环境的影响。

a. 北京民居　　　　　　　　　　　b. 天津民居

c. 福建民居

图3-2　院落形态与气候条件

图片来源：图a、图b，实地调研；图c，林志森. 基于社区结构的传统聚落形态研究［D］. 天津：天津大学，2009.

编号	采样一（陕西民居）	采样二（河北民居）
分析模型		
冬季风环境		
夏季风环境		

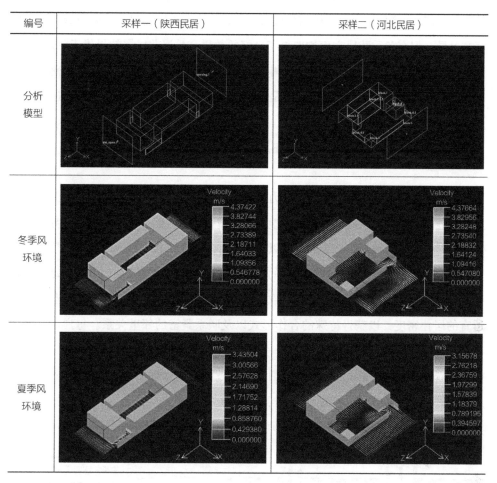

图3-3 北方院落式民居风环境模拟
图片来源：李涛根据测绘数据整理绘制，刘丛红教授绿色建筑工作室。

（2）采样二（河北民居）院落呈舒缓的矩形平面，同样取人行高度1.5m处进行风环境模拟，数据表明冬季风速基本上在1.0m/s以下，防风效果良好；而夏季院落内部风速在1.5～2.0m/s的区间，通风效果也比较理想。

一般研究认为，风速与人的舒适度之间存在联系，当风速小于1.6m/s时，人基本上感觉不到风；当风速小于5.0m/s时，人的感觉是舒适的；而当风速大于5.0m/s时，人的行动受到影响，舒适性较差[①]。因此，1.0～5.0m/s的风速，往往被认为是比较理想

---

① 唐毅，孟庆林. 广州高层住宅小区风环境模拟分析 [J]. 西安建筑科技大学学报（自然科学版），
 2001（4）：352-356.

的室外风速[①]。将采样模拟分析结果进行对比，发现两处院落尽管所处地域气候条件存在差异，但在冬季防风方面均取得了良好的效果，且河北民居效果优于陕西民居；而在夏季通风组织方面，二者也都取得了理想的效果，且陕西民居的狭长院落效果明显优于河北民居。可见，院落式住宅是建筑形式对地方性气候做出的积极回应。

3.1.3 小尺度空间与紧凑式布局

在传统农村的建设和塑造中，人力和技术是相当有限的。人们很难像今天这样大刀阔斧地改变自然，因此村落空间的塑造往往遵循顺应自然、因地制宜的指导思想。传统农村社区大多被周边广袤的田地以及自然环境紧密围绕，因而采用小尺度的空间更容易取得建筑形象与周边环境尺度的协调。另外，受到对外交通、生产活动等因素的限制，村落的规模一般不大，出于农耕作业对于集体活动的要求，传统农村形成了适宜的居住密度，以获得特殊的合作形式以及联系紧密的邻里关系。每户家庭都拥有一个院落，包括建筑在内占地面积一般为"三分地"或"四分地"（200~270m²）；一户挨着一户，布局紧凑，各户之间通过院墙进行分隔，而入户的院门一般都面向街道的一侧开启，形成鱼骨状的空间结构（图3-4）。

小而紧凑的空间尺度处理体现在街道、院落以及建筑等各个层面上，易于人们满

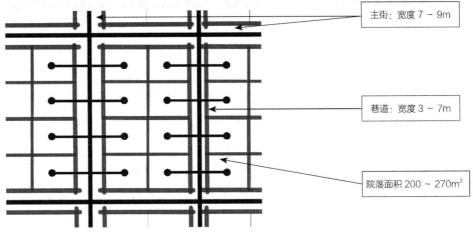

主街：宽度 7~9m

巷道：宽度 3~7m

院落面积 200~270m²

图3-4 紧凑的鱼骨状空间结构
图片来源：作者绘制

---

① 王珍吾，高云飞，孟庆林，赵立华，金玲. 建筑群布局与自然通风关系的研究 [J]. 建筑科学，2007（6）：24-27.

足生活中定向和个性方面的要求，空间的可识别度较高：首先，体现在建筑尺度方面，由于多数住宅层数为一至二层，因此建筑的高度一般控制在3.6～7.2m之间，各家均设有院墙，高度为2.5～3.0m；以北方传统农村为例，村庄中经常种植的槐树、榆树、杨树等落叶乔木，待树木成年后，一般高度能够达到10.0～25.0m，树冠大多高过建筑的屋顶，在非冬季节形成绿树掩映的乡村景观。其次，传统村庄的主要街道宽度一般为7.0～9.0m；而组团内部的巷道相对较窄，一般宽度在3.0～7.0m。与城市路网的宽阔路面以及建筑的高大体量相比，上述尺度大小明显是服务于人和自然的尺度，能够较为容易地在视觉效果方面形成人工景观和自然景观的高度协调与统一（图3-5）。

图3-5　某村小尺度空间特征
图片来源：google-earth

3.2　熟人社会

3.2.1　地缘与血缘

中国传统农村常常被人们定义为"熟人社会""亲缘社会"，一定程度上反映了农业聚落得以长期维系、包容内敛的本源。罗兹·墨菲（1996）在《亚洲史》一书中对亚洲农村有过这样一段描述[①]：

———————————

① ［美］罗兹·墨菲 著，黄磷 译. 亚洲史（第四版）[M]. 海口：海南出版社，2004.

个人的隐私几乎并不存在，由于人口密度高，家庭结构复杂，以及其他一些共同特点，使得即便在乡村，房屋也是拥挤成村，而不像西方世界那样分散在各个农场中。亚洲农场都很小，多数地方农场土地平均面积小于5英亩，人口稠密地区的农场则更小。集约种植模式形成的高生产率，意味着一个家庭能够用一块或几块小田地达到自给自足。小块田地一般就在平均20到50户的村庄周围，除幼儿老者外，全体村民每天早出晚归，到离村不远的田地上干活。人们几乎永远不会走出他人视听范围之外，因而很早就学会了适应环境，服从长辈和上级，为共同的利益一起劳动。

美国作家赛珍珠（1931）通过小说《大地》真实地传递出中国传统乡村社会的原生态[1]，与20世纪早期受到工业化、现代化影响的欧美不同，中国农村整体保持了两千年来以土地和家庭为核心的生活；尽管一些大城市工业文明已经萌芽，但受到等级制度与宗族制度深刻影响的乡村依然保持着封建传统的生活方式，地缘与血缘所支撑的古老伦理仍然在延续着生命[2]。赵秀玲（1998）更是明确指出中国"乡里制度"在其建立和演变的过程中，受到两个因素的制约，其一是地缘，以邻里为主；其二是血缘，以家庭和宗族为中心[3]。

社会学家费孝通（1947）在《乡土中国》一书中指出"大多数的农民是聚村而居"，其原因主要包括以下几个方面：首先，每家农户耕作土地的面积较小，即所谓的小农经济，因而需要聚居一起，这样才能缩短住宅和农场之间的距离；其次，农民在水利灌溉时需要相互合作，聚居使得合作更加方便；另外，出于安全的需要，人口多更容易实现防卫的效果和目的；最后，大家庭中兄弟几人根据土地平等继承的原则，分别继承祖上的遗产，因而人口在一个地方能够世代积累，成为具有一定规模的村庄。费孝通从社区的角度来看待传统农村，他认为"中国乡土社区的单位是村落"，从几户人家的小村到几千户人家的大村，乡土社会的生活富于地方性，人口流动率小。正因为有了这种地方性的限制，乡土社会的常态生活便是"终老是乡"；而也正是因为村子里的人们大多如此，任何人与人之间也就形成了一种潜移默化的关系，每个孩子都是在大人的眼里看着成长，而孩子眼里的周围人也是他们从小就看惯

---

① 赛珍珠著，王逢振译. 大地三部曲 [M]. 北京：人民文学出版社，2010.

② 贾林华.《大地》：中国传统乡村社会的原生态艺术再现 [J]. 华北电力大学学报（社科版），2004（4）：69～72.

③ 赵秀玲. 中国乡里制度 [M]. 北京：社会科学文献出版社，1998.

了的，就这样一个没有陌生人的"熟人"社会就自然而然地产生了[①]。

显然，地缘和血缘是中国传统农村乡土社会得以维系的重要因素，而这一特质却是西方乡村社会不曾拥有的现象；因此，不假思索地照搬西方乡村的建设经验无法解决根本性的问题。地缘与血缘二者相比，后者是较为稳定的力量；在中国的乡土社会，血缘排除了个人选择的机会，因此地缘成为血缘的投影。

3.2.2　劳动协作

自给自足的小农经济，曾经是中国传统农民生存的基础条件。大家庭的形成和发展，是以精耕细作的农业生产方式和大量的家务劳动为原动力，这是因为大家庭能够通过劳动合作的形式开展生产与协作，进而降低生产劳动与社会交易的成本；而后伴随社会发展，小农家庭又因为家庭内部的离散力量带来分家，导致农户的规模较小，无法完全解决各种存在于生产和生活中的问题。因此，各种各样的合作关系便在生产生活中自然形成，合作一般以农户的自发行为以及私人家庭的互助为基础，例如近代华北农村普遍存在的各种农耕结合[②]。

除了家庭之间的劳动协作之外，中国农村社会中的宗族组织也是开展合作的一股极为重要的力量[③]。一些较为大型的公共事务，如村庄道路、水井、灌溉水利及排水系统的建设均依赖宗族的组织；以徽州传统乡村为例，其村落往往以祠堂为中心环绕布局住宅并组织景观，村落形态不仅是村民生活的物质空间载体，同时也是社会组织结构的直观而生动的反映[④]。

随着社会与劳动工具的提升，人们逐渐在农业劳动之外，获得了额外的时间和广泛的交流。农民将合作的内容逐渐扩展，开始寻求除农业耕种之外，按自我意愿独立或互助完成的活动。而经过时间长久积淀的深厚的"地缘"与"血缘"基础，正是此类行为的先天条件，例如村民可以通过邀请近邻或亲友的方式自建住宅，或是以自家

[①] 费孝通. 乡土中国 [M]. 南京：江苏文艺出版社，2007.

[②] 张思. 近代华北村落共同体的变迁——农耕结合习惯的历史人类学考察 [M]. 北京：商务印书馆，2004.

[③] 傅衣凌. 中国传统社会：多元的结构 [J]. 中国社会经济史研究，1988（3）：1～7.

[④] 章光日. 徽州传统山村聚落形态的生成模式与演化机制研究 [J]. 安徽农业科学，2007（32）：10503～10504.

图3-6 青岩古镇沿街商业
图片来源：百度网 http://www.baidu.com

面向街道的房间为地点开设小商店或家庭作坊等。以贵州省贵阳市南郊的青岩古镇为例，镇上的建筑类型以院落式住宅为主，在其以商业功能为主的南北街两侧，住户利用靠近街道的房间开展小商品经营，由于临街面所占有的空间有限，内部生活空间便向纵深方向发展，下店后宅、前店后宅等形式成为青岩镇商业街区的主要建筑形态特征[①]（图3-6）。

与城市相比，乡村更具备开展劳动协作的物质基础，传统农村中带有院落的住宅形式也为家庭的自助与自我发展提供了良好的空间条件。这种小尺度的空间载体是体现地方共同责任、集体生活以及社会联系的理想形式，为人们交往交流、和谐相处、独立自助的活动提供可能与容纳的空间。潜在的自我负责意识与自给自足的生活模式，在增加经济收入的同时，可以使农民都能以亲自参与的形式丰富生活内涵，邻里社区的交往得到加强[②]。

3.2.3 "土"的要素

中国传统农村社会，始终与"土"有着天然的无法割裂的联系；这是因为对

---

① 黄珂星，葛淮京，龚恺. 青岩古镇的空间形态浅析 [J]. 小城镇建设，2007（1）：81～84.

② 王路. 村落的未来景象——传统村落的经验与当代聚落规划 [J]. 建筑学报，2000（11）：16～22.

于"靠天吃饭、靠地谋生"的农民来说，土地有着与生命同等重要的意义。费孝通（1947）在《乡土中国》中曾提到一段往事[①]：

> 靠种地谋生的人才明白泥土的可贵。城里人可以用土气来藐视乡下人，但是乡下，"土"是他们的命根……我初次出国时，我的奶妈偷偷地把一包用红纸裹着的东西，塞在我的箱子底下。后来，她又避了人和我说，假如水土不服，老是想家时，可以把红纸包裹的东西煮一点汤吃。这是一包灶上的泥土。——我在《一曲难忘》的电影里看到了东欧农业国家的波兰也有着类似的风俗，使我更领略了"土"在我们这种文化里所占和所应当占的地位了。

对土的重视体现了传统农民对土地的深厚情感，这与简单的封建迷信思想有着本质性的区别。中国传统的农业基本上依靠手工劳作，例如除草、灌溉、施肥、收割等。由于人口众多，要求土地单位面积内能够持续提供尽可能多的农产品。小麦、水稻、高粱、玉米、棉花等传统的经济作物，多数采取集约的方式进行种植以提高产出。

对"土"的尊重建立在朴素主义生态观的基础之上，珍视土地、利用土地的思想

图3-7　水田耕种

图片来源：百度网http://www.baidu.com

---

① 费孝通. 乡土中国 [M]. 南京：江苏文艺出版社，2007.

长期指导中国传统农业劳作，并积累了宝贵的种植经验，与此同时也形成了令人惊叹的农业景观。例如广西桂林龙脊梯田（图3-7），该梯田包括"平安梯田"和"金坑梯田"两部分，分别是壮族和瑶族两个少数民族的聚居地；由于该梯田分布在海拔高度300～1100m之间的山地上，其坡度大多为25～50°，特殊的地理条件使得水田高低错落，四周设有低矮的田埂，经过精心平整的水田能够蓄存灌溉水，并使水从较高的田块慢慢流到较低的田块。从流水湍急的河谷，到白云缭绕的山巅，从万木葱茏的林边到石壁崖前，凡是有泥土的地方，都开辟了梯田；具有地域特色与民族特色的地方民居形成若干独立的聚落，被梯田紧紧环抱，小尺度的村落与广阔的梯田形成鲜明的对比，充分展示出强悍的自然之力（图3-8）。

　　一个有趣的现象是与浩瀚如海的梯田景观相比，水田最大面积不超过一亩，多数是只能种植一至两行水稻的碎田块，当地更有"一床蓑衣盖过田"的说法[①]。龙脊梯田的农民自古以来便形成了铁的戒律，严禁人们乱砍滥伐、毁坏山林、污染水源，以及烧荒开荒、破坏水土。几百年来，当地居民以铜锣的敲击声来告诫和警示人们，只有始终重视"土"的要素并视其为生命，龙脊梯田才能在历尽沧桑之后，依然维系盎然的生机。

图3-8　梯田环绕的壮族村落

图片来源：百度网 http://www.baidu.com

---

① 百度名片.龙脊梯田.来源于网络：百度网 http://baike.baidu.com/view/32104.htm

3.3　案例研究：可持续发展的农业生活圈

3.3.1　陕西韩城党家村

（1）区位、自然条件与历史渊源

陕西省韩城市党家村是距离韩城市东北方向大约9公里处，一个传统的农业村落；该村西距108国道1.5公里，东距黄河3.5公里。村庄总体位于黄河上游，秦岭北麓，地处关中平原的中部；其地理纬度大致为东经110°28'，北纬35°31'，属于暖温带半干旱、半湿润大陆性季风气候，四季分明，日照充足，年平均气温12.0～13.6℃。

村庄选址于黄土塬间葫芦形状的沟谷之中，黄土质地坚硬，平地与塬地即便垂直相交也不会塌陷；村南有泌水河蜿蜒绕行，既可以屏障冬季寒风的袭击，又可以获取良好日照，便于利用地势组织排水[①]。该村形成历经明清两代，当地居民主要由党姓、贾姓两大姓氏组成，距今已有600余年的历史。村庄至今保存着较为完整的关中民居，反映了由于长期历史文化积淀自然形成的，传统农村聚落所特有的可持续发展的生活圈与文化圈。

该村历史悠久，2001年党家村古建筑群被国家列入重点文物保护单位，2003年党家村入选中国历史文化名村（第一批）名单；日本学者青木正夫（1991）在《党家村：中国北方传统的农村集落》一书中称之为"东方人类古代传统居住村寨的活化石"[②]。

（2）村庄规模与产业现状

党家村现状村庄总平面如图3-9所示，整体由原有村庄、泌阳寨堡与新建村庄三个部分构成：其中原有村庄和泌阳寨堡均建于明清两代，只有少量新建的房屋；而位于北塬上的新建村庄，则建于20世纪80年代，当时地方政府为了保护古村落的完整，因而对原有村民进行了就近搬迁。

目前，党家村总占地面积共12.8公顷，原有村庄部分用地面积约为8.1公顷，村庄的东南角处，紧邻原有历史保护建筑"文星阁"有一处小学，服务半径约400m；泌阳寨堡部分用地面积约为1.75公顷，新建村庄部分用地面积约为2.95公顷。全村当前

---

① 汪之力，张祖刚. 中国传统民居建筑 [M]. 济南：山东科学技术出版社，1994.

② 日中联合民居调查团. 党家村：中国北方传统的农村集落 [M]. 北京：世界图书出版社，1992.

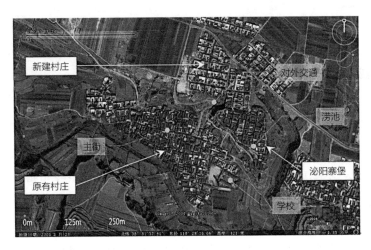

图3-9　党家村总体布局
图片来源：作者绘制，根据
google-earth及调研结果整理

共有居民350户，1400人，人口密度较大，平均为109人/公顷（表3-1）。

人口构成与经济水平　　　　　　　　　　　表 3-1

人口总数	共350户，1400人		
村庄面积	共12.8公顷，约192亩		
人口密度	109人/公顷		
人口构成	60岁以上，13%	18岁以下，25%	18～60岁，62%
收入水平	人均纯收入4000～5000元/年（主要来源：农业、旅游、外出务工）		

数据来源：问卷调查

　　通过实地调研，笔者发现尽管该村作为陕西省的重点旅游开发项目至今已有十几年的历史，但是由于村民地方认同感与文化包容感较强，地域文化保护得当，加上村庄位置相对隐蔽等多方面的影响，因而村庄整体结构保存完好，同时还保留着良好的农业传统，受到城镇化冲击并不明显。当地居民的淳厚、古朴与外来游客的开放、现代在这里交流碰撞，竟然形成了较为和谐的社会景象，空间内涵丰富。研究经问卷调查的方式并统计整理数据，结果表明：

　　（a）当地村民年人均纯收入为4000～5000元/人，收入的主要来源仍然以农业为主，基本占到总收入的40%～50%，而旅游与商业经营、外出务工等收入处于辅助性的位置。

　　（b）农业活动采取集体经营为主的方式进行组织，按国家规定平均每人承包土地1.3亩左右，共有耕地2216亩（约148公顷），农产品主要种植小麦、玉米、棉花，以及当地特产花椒（图3-10）；作为农业活动的产业链，村里开办了若干小型的地方棉

a. 玉米地   b. 花椒林

图3-10 当地农业活动
图片来源：实地调研

纺厂和花椒加工厂。

（c）与其他北方农村的现状相似，目前村里从事农业劳作的劳动力主要为妇女和老人，男人们大部分进城务工，在农忙时回乡帮农。

（d）另外，旅游产业经营采取集体承包、家庭参与的方式，总体上该村收入构成较为多样。

（3）传统空间中的生态智慧

融景于黄土沟谷之中的党家村，依山面水，在传统空间的塑造中从实际的需求出发，体现出低技术条件下人类智慧的迸发与朴素的生态逻辑，具体体现在以下几个方面：

因地就势（图3-11）——由于村庄所处场地地形起伏，较为复杂，因而"利用地形，因地就势"的空间处理随处可见。首先，村庄整体受到当地绿化与沟谷地形造成的小气候影响，能够避免西北季风的侵袭，虽然地处多风的黄土地区，但风尘较少；特别是春、夏两季，整个村落绿树掩映，仿佛一片绿色田海中泛起的小舟，和谐安静。其次，村庄的主要对外交通由一条蜿蜒的柏油路联系，道路坡度设计顺应地势，有利于路面排水的同时，极大地降低了建造成本；而村庄内部的街巷处理为传统的网格式布局，20余条巷道纵横贯通，主次分明；街道整体较窄，主要街道宽度为3.0~5.0m，次要街道宽度2.0~3.0m，有些巷道宽度仅为1.5~2.0m；道路大多自然起坡，路面则采用条石和卵石进行铺装。

住宅院落（图3-12）——村内的住宅大多为院落式布局，包括建筑在内每户院落

a. 沟谷环抱   b. 蜿蜒道路

c. 内部街巷一   d. 内部街巷二

图3-11　因地就势的建造
图片来源：实地调研

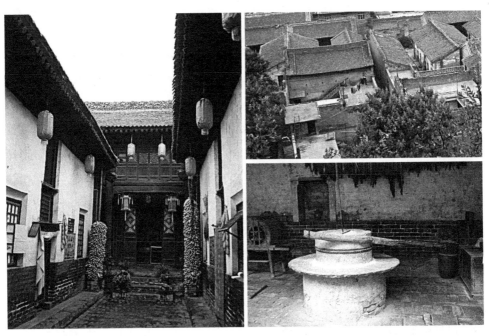

图3-12　院落中的景象
图片来源：实地调研

占地面积一般在三分半地到四分地之间（约230～270m²）。住宅建筑高度一般为一至两层，以坡屋顶为主，局部为平屋顶；建筑一般采用砖木结构，土坯砌墙，保温性能良好。在院落和建筑的平面布局方面，厅房和门房将院落的横向基本占尽，两侧厢房嵌在二者之间，中间围合成狭窄的院落。这是由于当地夏季气候炎热，冬季较冷，因而大部分住宅的院落南北方向较长，东西方向较窄，狭长的平面布局更容易形成较大面积的阴影区域，可以避免夏季强烈的日晒。入院的大门多数靠门房偏侧设置，也有部分居中设置，以利于夏季通风条件的改善[①]。当地居民将农业活动融入自家院落，利用屋檐、院落晾晒玉米、辣椒等农作物，或在平屋顶上进行洗衣晾衣等家庭劳作；一些院落的厨房还设有小型的家庭手推磨盘，自给自足的生活思想展露无遗。

　　取水和排水（图3-13）——水井曾经是党家村居民生产生活的主要用水设施，哺育着一代又一代的党家村居民；由于党家村的特殊地势，当地地下水位较高，因此取水比较便利。通过调研，全村共有水井13处，部分水井设有井房，以避免井内落入灰尘杂物，确保井水的清洁；井房内部还设有供奉井神的壁龛，一定程度上反映了当地居民对水源的珍视。另外，涝池也是村中重要的汲水设施之一，位于泌阳寨堡入口处的空地上，这里曾为当地农民的生产生活提供了巨大的帮助；雨水在这里汇集的同时，也为干旱季节储备必要的水源；人们在涝池边洗衣择菜，聊天嬉水，交流交往，赋予了这里更多的生活功能和空间含义。党家村在排水组织方面独具特色，村庄整体地势西北高东南低，排水组织顺应地势，最终排入南侧的泌水河中，以满足泄洪的需要；村庄内部的排水组织主要利用建筑和街道形成，围绕内院的建筑通过坡屋面进行

图3-13　传统空间中的生态智慧
图片来源：实地调研

———————

① 张壁阳，刘振亚．陕西民居［M］．北京：中国建筑工业出版社，1993.

排水，正房和门房的雨水要先流入厢房山墙上用砖砌筑的筒形水槽，再经水槽流下落入院中。院内青砖铺面，一部分雨水经缝隙渗入到地下，而其他雨水则利用院内坡度排向街道。党家村街道断面两侧高而中间低，水从街道两侧向中间汇集，便于排水的同时保护房屋基础不受雨水侵蚀。

从党家村传统空间的营造及文化传承来看，农业活动的保留与延续，以及"利用自然，因地制宜"的生态智慧等因素是可持续的生活圈和文化圈得以发展的重要基础。目前，随着社会发展和生活水平的提高，村里各个家庭统一使用自来水供水，生活用水基本不再依赖于井水；部分水井作为辅助水源仍在继续使用；而涝池已经废弃，成为生活垃圾堆积的场所，失去了昔日的人气与活力，令人唏嘘。由于古村庄保护，党家村进行了部分基础设施的改造，但没有统一的下水管道，村里的生活排水主要还是依靠传统方式进行组织；而在排污方面，村里大部分农户仍然保留着传统的旱厕。这些长期存在的传统如何转化为可持续发展的现代设计语言，也正是城镇化进程中必须面对和不可忽视的问题与挑战。

3.3.2　河北成安北鱼口村

（1）自然条件和地域条件

河北成安北鱼口村位于河北省南部，地处富庶而广袤的华北平原，属于典型的北方传统农业村落；从行政区划上隶属于邯郸市成安县成安镇，距离成安镇西南角大约2公里处。首先，在地理条件方面，该村大致位于北纬36°25'，东经114°39'处，基地地势平坦，为冲积平原，在农业耕种与水利灌溉等方面有着得天独厚的自然条件与地质条件。其次，在气候条件方面，由于该村地处中纬度地带，属于北温带大陆性季风气候，四季分明，春季风多干旱，夏季炎热多雨，秋季温和凉爽，冬季寒冷干燥；年平均气温13.1℃左右，年均降雨量约530.0mm，日照条件良好，全年日照约2500小时。

另外，在地域条件方面，该村所处周边环境的大背景具有良好、悠久的农业传统。成安始建并形成于春秋战国时期，处于魏国与赵国的边界地带；到了秦朝时期，属于邯郸郡地，其地名有"成就成功，安康平安"的美好寓意；地域历经千年历史积淀，文化底蕴深厚，传统农业生产经营以小麦、棉花等农作物为主，素有"棉海、粮仓"的美誉。近几年来，该区域调整了农业结构，改造传统产业，发展草莓、果蔬、养殖等特色高效的产业，现已成为冀南最大的草莓生产基地，被省政府命名为"河北省草莓之乡"和省级无公害蔬菜生产示范县、国家秸秆养羊示范县。

（2）村庄概况与收入水平

自然条件天然的生产优势，以及地域条件特有的农业传统都为北鱼口村的农业生活圈与文化圈长期、健康地可持续发展，奠定了良好的物质基础；而从总体上看，北鱼口村地理位置相对独立，因而当地居民形成了较为成熟、稳定的农业传统生活模式；也正是因为上述原因，目前该村受到城镇化的影响较小，有利于课题研究把握传统农村空间的本质与特性，具有一定的普遍意义和代表性。

现状村庄用地边界明确，平面形态呈平行四边形（图3-14）；村庄居民点总用地面积约29.6公顷，目前全村共有农业家庭500户，2200人，人口构成与经济水平见表3-2。村庄空间形态呈自生长的态势，紧凑而完整，村庄周围被树木和农田环抱；村庄东南角有一处小学，服务半径约450m。

通过调研数据统计，结果表明：

（a）全村目前共有农业家庭500户，居住人口2200人，人口密度约75人/公顷。

（b）村民主要收入来源以农业为主，村民人均承包土地面积大小约为1.5亩地至2亩地之间，共有耕地4400亩（约293公顷）。农产品主要种植小麦、谷子、玉米、高

图3-14 北鱼口村总体布局

图片来源：作者绘制，根据google-earth及调研结果整理

粱和棉花，以及草莓、苹果等水果特产。

（c）同党家村情况相同，该村农业生产以集体经营为主，且从事农业劳作的劳动力主要为妇女和老人；而与党家村不同，村庄没有开发旅游项目。

（d）目前，该村居民年人均纯收入为5000~6000元/人，农业收入约占总收入的55%~60%，其他收入来源包括外出务工与地方纺纱。

人口构成与经济水平

表3-2

人口总数	共500户，2200人		
村庄面积	共29.6公顷，约444亩		
人口密度	75人/公顷		
人口构成	60岁以上，15%	18岁以下，28%	18~60岁，57%
收入水平	人均纯收入5000~6000元/年（主要来源：农业、地方纺织、外出务工）		

数据来源：问卷调查

（3）自下而上的空间形态

街道空间——北鱼口村庄整体空间尺度较小，布局紧凑。同其他北方村落相似，在街道布局方面，北鱼口村采取了传统的井格式路网结构，主要街道形成了"三横三纵"的道路骨架，将整个村庄划分为十余个居住组团；主要街道路面宽度7.0m左右，次要街道路面宽度5.0m左右，组团内部的巷道宽度为2.5~4.0m。目前，村庄部分对外联系的道路，以及80%的内部道路由原先的沙土路面改造为水泥硬化路面，但保留了沿街院落附近1~2m范围内的自然土壤，形成自然的排水坡度。雨水由各家院落汇集后排向街道，而大部分雨水都在通过沙土带时就已经渗入地下。

院落布局——在建筑布局方面，整个村庄住宅全部为传统的独立式院落布局，各户与各户之间设有院墙，建筑层数一至二层；建造年代较早的住宅以坡屋顶为主，而新建的住宅以平屋顶居多，墙面为清水砖墙，或白色锦砖贴面；各家宅基地面积为250~280m²，约合四分地左右，院落相对开敞，村民往往利用自己院落进行相对独立的农业生产活动；住宅的主体一般为5间房（面宽3.6m/间），厨房和厕所一般单独设置，门廊一般较宽且尺度相对较大，是家庭财富与身份的象征，正对门廊设置影壁，反映了传统文化的延续（图3-15、图3-16）。

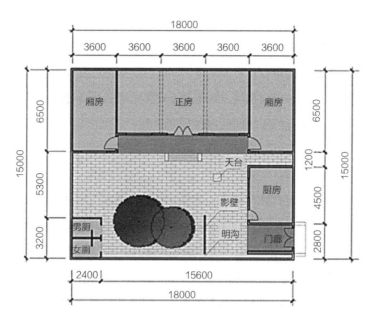

图3-15　典型院落平面图
图片来源：作者绘制，根据测绘数据整理

　　自然景观——在自然景观方面，由于村庄形成历史较长，加上人们在建设中避免对树木的砍伐与破坏，因此街道与院落中保留和种植了大量生长多年的乡土乔木，主要包括槐树、榆树、杨树。其中槐树和榆树在相应的季节其花与果实还可以用来食用。成年的树木尺度高大，一般高度为10.0~15.0m，繁茂的树冠高过建筑，将街道和村庄掩映在绿色之中，郁郁葱葱。另外，小而紧凑的乡村空间被周围的大片耕地簇拥，形成大片的开放性空间，与村内的开放空间连成一片，内外渗透，形成一个连续的、绿色的生态景观网络。

图3-16　自下而上的空间形态
图片来源：实地调研

（4）朴素主义的生活形态

传统农民与"土"的关系，通过人文活动原生态的一面，渗入到街巷、院落、建筑等各个空间，构成了北鱼口村一天之内不同时段的生动、复合的农业社会景象。笔者通过观察、访谈、归纳以白描的方式记录下这里村民最为普通的一天，从中把握朴素主义的生活形态与空间形态之间的内在有机联系：

（1）上午6：00-8：00

早上的这一时段，是村民们起床、整理、吃饭、准备下地的时间，院落里飘来阵阵小米饭的清香，人们端起碗筷，蹲坐在自家院里或是走到院子门口面向街道，悠闲地吃着早饭。由于各家相邻较近，一般6~8m的距离，因而并不需要太大的声音就可以与街道对面的邻居进行对话和交流。

自20世纪80年代以来，该村在炊事方面先后使用过木柴——煤块——煤气等作燃料，目前虽然村民们早已改用煤块或煤气罐来做饭，但各家厨房里仍然保留了烧柴的灶台，以便满足举行重要仪式时的所需，另外灶台还是村民们心中生活有余的象征，每年春节，灶台上都会供奉灶王爷，保护他们新的一年风调雨顺，农业取得好的收成。

（2）上午8：00-12：00

从8：00开始，农民们陆陆续续地开始了一天的劳动，人们骑着自行车或电瓶自行车，也有少数人家开着电动三轮车或拖拉机，载上镰刀、锄头、镐、铁锹等农用工具驶向田间。上学的孩子们也都背上书包去村头的小学上课去了。在此期间，村里仍然有留在家中的村民偶尔在街巷中穿梭，从这家串到那家，有时是为了借些工具或物品，有时只是为了家长里短地神聊一番，或是农闲的时候几个人聚在一起打打牌，当然这部分村民大部分为老年人、妇女和儿童。

为了赶在家人回来之前做好饭，除了在自家的院子里打扫卫生，洗晒衣服，老人跟妇女们有时也会"偷懒儿"，拿着家里储藏的面粉去村里的手工作坊换一些蒸好的馒头，或是直接去小商店买一些新鲜的蔬菜或现成的食品。这些作坊和小商店的主人也是村里的农民，他们利用自家临街而建的房间，向街道直接开门，在做生意的同时能够对街上的情况了如指掌，这里往往是村里最有"人气儿"的公共场所，村里的新鲜事大多从这里流传开来。

还没有上学的孩子们三两成群地聚在院子里嬉闹，腻了便从院里打闹到门口接着玩耍，街道成了他们每天最喜欢的游乐场地。而大人们似乎也很放心孩子在外面独立玩耍，一方面原因是各家院子的大门在白天都是面向街道开敞的，只要在院里吆喝两嗓子便能得到孩子的回应，况且街上总有人流，大家相识相知，彼此之间有着默契的照应，任何一个外来的陌生人在这里都会显得十分扎眼儿；另一方面原因则是因为街道上每天过往的机动车辆并不是很多，当然也有少数拉货的大型卡车或拖拉机等农用车辆，但是由于道路不是很宽，各家又都在自家的院墙外或门口附近堆置了麦秸秆、玉米秆、高粱秆等，因而驶入村落的机动车车速都比较慢，且注意避让行人。

（3）下午12：00-14：00

农忙的人都从田间回到家中，他们回家的第一件事就是把从田里带回来的农作物堆放在院子的一角，然后在自来水龙头下冲洗脚上、脸上、手上的泥土，接下来便是美美地享受午餐的时候了。然而，北方的农村对于日常饭菜的做法与南方相比似乎不太讲究，人们一手拿个馒头，一手拿着碗筷，围在院里的小方桌前或是再次来到门口吃饭聊天。

（4）下午14：00-17：00

吃完午饭的这个时候，日照正足，没有午休的女人们把从田里带回来的花生、玉米、辣椒等作物摊在院子里，择择拣拣，清理干净，挂晒在院子里有充足阳光的地方，或是通过房梯登上屋顶，把作物直接晾晒在平屋顶上。然后又是一通打扫和做饭，别看这些活儿，一个下午的时间就这样在忙忙碌碌中过去了。

（5）下午17：00-22：00

下午5点左右的时候，农忙的大人和上学的孩子们都回到了家，街上的人渐渐多了起来，大家相互之间打着招呼，寒暄着，讲着一天里发生在身边的事儿。晚饭之后八九点钟的样子，各家关闭院门进屋休息去了，不过翻修或新建的房屋内部基本不再设置用土坯或砖砌的土炕[①]，自然也就没有了取暖用的灶台。小院里、街道上一切恢复了平静。

（资料来源：根据实地调研情况整理）

---

① 土炕，北方传统民居中特有的起居设备，是一种用土坯或砖砌成的睡觉用的长方台，下面有孔道与烟囱相连；其特点是冬暖夏凉，适合北方地区冬季较长的气候特点。

3.4 基于空间句法分析的传统农业居住形态

3.4.1 空间句法与空间组构

传统建筑学理论对于空间的描述大多局限于定性的研究，在本章第3节中关于党家村和北鱼口两个传统农业村落的空间描述也基本采取了定性研究的方法，从建筑、街道、空间等要素的形态、尺度、功能出发进行分析，寻求人类活动与空间之间的内在联系。通过实地调研和研究分析，我们不难体会和感知到传统村落作为空间物质的载体与当地农民长期以来积淀形成的社会生活之间，的确存在着某种天然的内在联系，人类的社会活动存在于空间的视觉审美之中，并且继续保持着良好的生命活力，是可持续空间形态的物质载体，然而这种联系却是难以言状的。空间定性研究方法的局限性主要体现在缺少科学实证，主观性强，这里笔者借鉴空间句法现有的成熟理论，通过空间分析软件Depthmap对案例进行辅助的量化分析，采用组构分析、观察调研以及数据整理等客观方式，以期找出、把握传统农村之所以能够长期成为乡村社会生活空间载体的内在动因。

英国伦敦大学巴利特学院教授比尔·希利尔于20世纪六七十年代在研究了空间和社会这一课题的基础之上，开创性地指出空间结构中存在着某种社会逻辑和空间法则[①]。1974年，希列尔借用语言学中的"句法"（Syntax）一词来代指存在于空间结构之中的某种法则[②]，他反对传统建筑学科过分重视规范的教条做法，呼吁分析性的建筑学理论，开辟了城市与建筑理论研究的新方向，从实证和自组织的角度重新定义了城市与建筑的研究范式，形成了"空间句法"（Space Syntax）这一研究空间形态的新学派。实质上，空间句法是一种通过量化描述的方式对包括聚落、城市、建筑以及景观在内的人居空间结构的理论研究，其主要关注点是空间组织与人类社会二者之间的相互关系[③]。空间句法理论不断完善，并开发出一整套较为成熟的计算机辅助分析软

① 杨滔. 说文解字：空间句法 [J]. 北京规划建设，2008（1）：75～81.

② 张愚，王建国. 再论"空间句法"[J]. 建筑师，2004（6）：33～44.
　传统意义上的"句法"概念是语法的组成部分之一，即语法包括了句法和词法两部分，句法是指对词组和句子构成的研究，即句子的内部结构，包括句子成分和句子类型等内容，以词为单位。希列尔提出的"句法"概念，其本质在于探讨不同元素之间的"连接关系"。

③ Bafna S. Space syntax: a brief introduction to its logic and analytical techniques [J]. Environment and Behavior, 2003Vol.35 No.1：17～29.

件，该技术目前已经被应用到对于建筑和城市空间本质，以及社会功能的诸多探讨当中，适用于各个尺度的空间分析。该理论的应用打破了建筑学科长期以来忽视量化分析，凭借经验、规范进行理论和设计研究的主观性做法。

比尔·希利尔与朱莉安·汉森在《空间的社会逻辑》（1984）一书中指出，空间是社会生活的一部分①，它不能被孤立起来或处于静止状，而是作为一种与社会生活产生互动性或者追溯性的产物，介入到自我生产的状态当中；在社会对空间的掌控和塑造同时，空间对于社会也产生了反作用力和潜在的挑战，上述观点显然受到了20世纪六七十年代社会空间辩证法理论②的深刻影响。在希列尔的另外一本著作《空间是机器》（1996）一书当中，他再次强调了空间与社会的互动，明确指出"组构"（Configuration）是空间句法理论研究的核心③；他将组构定义为"一组相互独立的关系，且其中任一关系都决定或影响于其他所有的关系"，因此改变任何一个整体系统中的元素，都会影响到其他元素的关系属性，进而影响整个系统的关系产生变化。同时，希列尔指出尽管组构是空间当中客观存在的规律，但是其过程却是难以言表的；为了界定组构，希列尔采用了三个简单物体组合来进行说明（图3-17）。

在图3-17i中，a和b是两个相邻的立方体；在图3-17ii中，a和b紧靠在一起，形成了一个相连的整体。上述两图中，尽管a与b的关系从视觉上看是存在明显差别的，即前者a和b是彼此不存在接触的邻居，而后者a和b则相互毗邻，但无论是哪种方式，这两个立方体之间的关系是相互对称的，在事实上暗示了"相邻"这种关系。在图3-17iii中，b置于a上，a与b的关系发生了本质的变化，二者虽然叠合形成了另一个相连的物体，但b在a上而不是a在b上，这就意味着a和b之间不再保持相互对称的关系了。在图3-17iiii中，将三组a与b构成的相互关系置放于物体c的表面，刚才所提到的"对称"关系就越发明确了。

---

① Bill Hillier, Julienne Hanson．The Social Logic of Space［M］．Cambridge University Press，1984.

② 社会空间辩证法是社会历史辩证法的反转，法国政治经济学家Henri Lefebvre在《空间的生产》（The Producetion of Space，1974）一书中将空间和地理分析带入马克思主义，认为空间积极地参与了整个商品的生产过程与历史进程，强调空间与社会的互动，使得人们从马克思主义的纯粹性时间魔力认知中解放出来。该理论摆脱了空间是空洞和静止的观念，促使人们思考空间生产的社会因素，进而形成了城市空间研究的政治经济学分析框架。

③ Bill Hillier. Space is the Machine: A Configurational Theory of Architecture［M］．Cambridge University Press，1996.

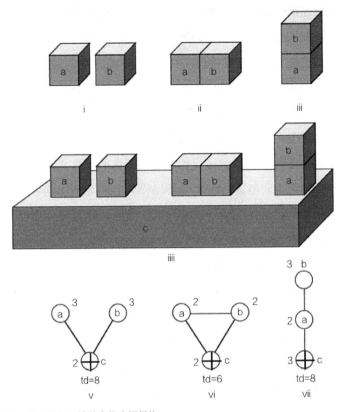

图3-17　存在于简单事物之间组构

图片来源：Bill Hillier. Space is the Machine：A Configurational Theory of Architecture
[M]．Cambridge：Cambridge University Press，1996.

希列尔的空间句法理论以拓扑学为基础，采用了一种被命名为J型图的拓扑图形[①]来描述a、b、c之间的相互关系，根据各个空间相对于起始空间的"拓扑深度"，将其成行排列，最下面的圆圈代表物体c，内部的十字表明它是起始空间；从图3-17v、vi、vii中，能够较为清晰地辨别，图3-17 v、vi均为"一步拓扑深度"，相对于c来说，a与b仍然保持着对称关系，只不过在图3-17vi中a与b之间是相连的；而图3-17vii则为"两步拓扑深度"，a与c、b与c的关系明显不同，从c出发到达b必须经过a，因而对称的关系被打破了。在J型图中每一个节点旁边所标注的数字，表示从某个节点到这个系统内其他所有节点的"拓扑深度"总和，而td则表示相应的J型图中所有节点的"拓

---

① J型图（Justified Graph），即通过拓扑图形的关系图解来对组构进行直观性的描述，其基本原理来源于拓扑几何，在忽略物体形状、角度、长度等特性的前提下，研究几何图形在连续变形下保持不变的性质，仅仅关注事物之间的相互关系。

扑深度"总和相加，即系统的总拓扑步数。上述数值直接反映了一些组合物体的组构特征，即在一个复杂的整体系统当中，只要一对元素之间的简单关系至少被即时共存的第三个元素所影响，或者被所有其他元素所影响，它就是一种组构关系。

3.4.2　组构的定量化描述

空间句法在 J 型图解研究的基础之上，建立了独特的空间分析模型，并发展了一系列基于拓扑计算的形态变量，以此来定量化地描述空间组构，研究和分析空间组织与人类社会之间的相互关系。空间句法理论的基本观点认为，任何城市、建筑及其环境系统均是由两部分组成，即闭合空间和开空间[①]。闭合空间可以是城市中的建筑物，也可以是建筑的墙体或室内家具等实体障碍物，而开空间则是指由空间物体隔开，人可以在其中自由活动的可达空间，具有从任何一点可以到达空间其他点的连续性特征。空间句法及空间组构着眼于开空间的描述，人们往往依赖于个人的视觉体验，在运动过程中建立起对实际空间的认知或组构概念。从人的空间认知的角度来看，空间可以分为大尺度和小尺度两个层级：大尺度空间是指人们所存在的空间范围已经超出个体定点感知的能力，即从某一固定点出发不能完全感知的空间；而小尺度空间则相反，是指能够从一点进行感知的空间，人们在现实生活中正是通过对诸多小尺度空间的感知积累，才逐渐形成个人对大尺度空间的理解和认知[②]。

基于上述认知过程和可见性的空间感知分析，空间句法理论将复杂的城市和建筑看作大尺度空间，根据开空间所呈现的具体情况将其分割为小尺度的空间，大致有以下三种基本的空间分割[③]方式：

（1）凸空间分析——*Convex Map*

连接空间中任意两点的直线均处于其中，该空间即为凸空间。从认知的角度来看，处于凸空间中的任一点都能观察到整个凸空间，即处于同一凸空间的所有人都能彼此互视，因此凸空间不但是一个几何概念，还表达了人们使用空间与空间聚集的状

---

① 开空间（Open Space），又称为自由空间，是空间句法当中一个非常重要的概念。
② 江斌，黄波，陆锋. GIS环境下的空间分析和地学视觉化 [M]. 北京：高等教育出版社，2002.
③ 空间组构分析首先要把空间系统转化为节点及其相互连接组成的拓扑关系图解，其中每个节点都代表了空间系统的一个构成单元。这种将整个空间系统划分为各组成单元的过程称为空间分割。

态。凸空间分析将整个空间系统转化为若干个凸状，即采用最少且最大的凸状以覆盖整个空间系统，再将各个凸状作为节点，用拓扑关系图解的方式描述凸状与凸状之间的连接关系，根据计算分析各种空间句法变量的结果，用深浅不同的颜色来表示变量数值的高低。

（2）轴线图分析——*Axial Map*

轴线指从空间中的任一点所能看到的最远距离，它采用最少并且最长的路线覆盖整个空间系统，并穿越每个凸状空间，因此沿轴线方向流动是最为经济和便捷的空间运动方式。轴线分析将每条轴线看作是一个节点，用拓扑关系图解的方式描述轴线与轴线之间的相交关系，然后根据各种空间句法相关变量的计算和分析结果，用深浅不同的颜色来表示各个轴线句法变量数值的高低。研究可以依据轴线的矩阵分析空间整合度，预测人流的活动，例如在城市公共空间中使用频率最高的空间通常接近整合度最高的空间。

（3）视域图分析——*Visibility Graph Analysis*

视域指从空间中某点所能看到的空间可见范围，或称之为无障碍视域。空间句法当中的视域通常是二维的，采用视域分析方法进行空间分割，首先需要在空间系统中选择一定数量的特征点（如道路交叉口和转折点的中心），特征点在系统空间转换上往往具有重要的意义；可以求出每个点的视域，并根据视域与视域之间的交接关系，转化为关系图解，最后根据计算得出每个视域的句法变量，并用深浅不同的颜色来表示句法变量数值的高低，并用等值线描绘出这些点之间的过渡区域。视域分析可以用来研究单一空间在整个空间结构中的控制力和影响力，进而研究包含其中的社会活动，例如视域分析可以用来研究人们在日常活动区域内的可见范围。

空间句法在上述三种方式所形成的关系图解的基础上，发展了一些基于拓扑几何计算的形态变量，用于客观、准确、定量地描述空间组构，其中最基础的变量有以下五个：

（1）连接度值——*Connectivity Value*

连接度即为与某一节点邻接的节点个数，该值称为该节点的连接值；在实际空间系统中，某个空间的连接值越高，则表示其空间渗透性越好。

其计算公式为

$$C_i = K \qquad\qquad （公式3-1）$$

C_i表示与第i个部分空间相交的其他部分空间个数，K即与第i个节点相连的节点数，C_i计算简便，在Depthmap软件中该数值可以直接从关系图解中读出。

（2）控制度值——*Control Value*

假设系统中每个节点的权重都是1，则第i个节点从第j个节点所分配到的权重为[1/（j的连接值）]，那么与i直接相连的节点的连接度值倒数之和，即为i从相邻各节点分配到的权重。控制度从某种程度上反映了一个空间对其周边空间的影响程度，因此该值称为第i个节点的控制度值。

其计算公式为

$$\mathrm{Ctrl}_i = \sum_{j=1}^{k} \frac{1}{C_j} \qquad （公式3-2）$$

Ctrl_i表示第i个空间对与之相交的空间的控制程度，其中k是与第i个节点直接相连的节点数，C_j是第j个节点的连接值。

（3）深度值——*Depth Value*

规定两个邻接节点间的距离为一步，则从一节点到另一节点的最短路程（即最少步数）就是这两个节点间的深度；系统中某个节点到其他所有节点的最短路程（即最少步数）的平均值，即称为该节点的平均深度值。

其计算公式为

$$\mathrm{MD}_i = \sum_{j=1}^{n} d_{ij} / (n-1) \qquad （公式3-3）$$

其中MD_i表征第i个节点距其他所有节点的最短距离，而$\sum_{j=1}^{n} d_{ij}$表示区域内总深度（即Σ深度×该深度上的节点个数），n为节点总数。用关系图解的方式辅助计算，其概念则更加清晰；例如，以图3-17vii 为例，C点作为出发点，其平均深度值计算为MD=（1×1+2×1）/（3-1）=1.5。

另外，系统的总深度值则是各节点的平均深度值之和。深度值以表达空间转换次数的方式表达了节点在拓扑意义上的可达性，即节点在空间系统中的便捷程度，而不是指实际的距离；它包含了重要的社会文化意义，是空间句法重要的概念之一。上面所说的平均深度值和总深度值都是整体深度值，是对整个系统的描述；与此概念相对的是局部深度值，即假设从某节点出发，要走k步才能覆盖整个系统，那么其在n步（$n<k$）内走过的路程，即为局部深度值。

（4）整合度值——*Integration Value*

上述深度值的大小在一定程度上取决于系统中的节点个数，因而为了排除系统中节点数量的干扰，空间句法理论提出"相对不对称值"（Relative Asymmetry）的概念[1]，改进了计算方法，其公式为$RA_i=2（MD_i-1）/（n-2）$（其中n为节点总数）；将RA取倒数，称为整合度。为了便于比较不同大小的空间系统，RRA_i逐渐代替RA_i，$RRA_i=RA_i/D_n$；其中$D_n= 2\{n（\log2（（n+2）/3-1）+1）\}/［（n-1）（n-2）］$，是用来进一步标准化整合度的。

因此，改进后的整合度计算公式为

$$ITG_i = \frac{1}{RRA_i}$$
（公式3-4）

整合度反映了空间系统中某个单元空间与其他所有空间的集聚或离散程度，即整合度值越大，该单元空间在系统中的便捷程度也就越大，反之亦然。对应于整体深度值和局部深度值，也同样存在着全局整合度和局部整合度。全局整合度表示节点与整个系统内所有节点联系的紧密程度；而局部整合度表示某节点与其附近几步内的节点间联系的紧密程度，通常计算三步或十步范围，称为"半径—3整合度"或"半径—10整合度"。一般情况下局部整合度可以用来分析人行流量的空间分布，而全局整合度则用来体现整体系统中某一空间相对于其他空间的可达性或中心性[2]。

（5）可理解度——*Intelligibility*

上述连接度、控制度和局部整合度，是描述局部层次上的结构特征的；而全局整合度是描述整体层次上的结构特征的。空间句法理论认为空间组构机制中，最显著的是全局网格结构与局部网格结构之间的相互关系，而可理解度则是用来描述局部变量与整体变量之间相关度的数值，反映了由局部空间的连通性感知整体空间的能力。希列尔指出，无论对城市还是建筑空间，我们都很难原地立刻体验它，必须通过在系统中运动地观察，才能一部分一部分地建立起整个空间系统的图解。可理解度就是衡量从一个空间所看到的局部空间结构，是否能够将其作为其看不到的整个空间结构的引导，从而有助

---

① Hoon-Tae Park. Before integration: a critical review of integration measure in space syntax. 来源于网络http://www.spacesyntax.tudelft.nl/media/longpapers2/hoontaepark.pdf

② 陈仲光，徐建刚，蒋海兵. 基于空间句法的历史街区多尺度空间分析研究——以福州三坊七巷历史街区为例［J］. 城市规划，2009（8）：92-96.

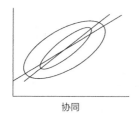
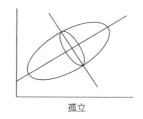
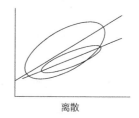

协同　　　　　　　　　孤立　　　　　　　　　离散

图3-18　可理解度示意图
图片来源：朱东风. 城市空间发展的拓扑分析——以苏州为例 [M]. 南京：东南大学出版社，2007.

于建立起整个空间系统的图解。通常情况下，一个空间系统中连接度值高的空间，其整合度值也高，就可以认为这是一个可理解性好的空间系统[1]。在局部与整体变量之间建立相关的散点图，可以充分显现全局空间网格与局部空间网格之间的协同、孤立和离散关系，从而对空间系统自组织结构的完善程度和可持续性做出判断[2]（图3-18）。

上述变量定量地描述了空间系统结构要素之间，或者结构要素与整体空间系统之间的组构关系，从拓扑学的角度较为科学地、客观地反映了整个空间系统结构的本质特征。

3.4.3　空间载体与社会生活的内在联系

传统农村以聚落为形态，其空间的形成往往依据自身内在的某种规律，自下而上地形成，经历时间和历史的积淀，展现给人类一种自然、有机、和谐的视觉审美；这种空间的视觉审美将人类长期的社会生活包含其中，并且继续保持着良好的生命活力，是可持续空间形态的物质载体。这一点往往是人们的直觉可以感知但却难以言明的，采用传统建筑学的空间分析方法与空间句法的量化分析方法相结合的方式，可以弥补传统定性研究中缺少科学实证的不足，使用组构分析、观察调研以及数据整理等客观方式，对建筑、街道、空间等要素进行客观性强的量化分析，寻求人类活动与物质空间之间的相互联系。

3.4.3.1　院落住宅
作为具有长期良好的农业文化传统的北方村落——韩城党家村与成安北鱼口村，两地村民的传统居住模式均采用了院落住宅的形式。列斐伏尔认为空间作为一种互动性的

---

① 杨滔. 从空间句法角度看可持续发展的城市形态 [J]. 北京规划建设，2008（4）：93～100.

② 朱东风. 城市空间发展的拓扑分析——以苏州为例 [M]. 南京：东南大学出版社，2007.

产物介入到自我生产当中，而空间作为生产者被或好或坏地组织起来成为生产力和生产关系的一个组成部分[1]；院落式住宅同农业社会的结合与共生，促成了乡村聚落空间稳态的自我调节和生长，是具有强生产力的可持续发展的空间形态。研究分别从两个村落中各自选取了一处典型的院落式住宅进行测绘，院落平面布局如图3-19所示，从两处院落平面形态的比较结果来看，二者所占的基地面积是相近的，前者约为260m²左右，而后者约为270m²左右；但直观上两处院落在空间形态方面却存在着较为明显的差别：

（1）院落构图上的差别

从院落构图的角度来看，陕西党家村民居为四合院布局，整个院落在南北方向上具有严格的轴线对称关系；正房以间为模数单位，共三间，位于南北轴线的尽端，厢房、厨房等辅助房间沿轴线纵向对称布置，门房与正房相对，各个功能房间将内院（加粗部分）环绕起来，内院在整个院落构图中的中心性地位显而易见。而河北北鱼口民居为三合院布局，正房和厢房共五间，在整个院落的北面呈一字形展开，由于内院位于整个院落的西南侧且中心性较弱，因而整个院落并没有形成严格的轴线对位关系，而只是保留了主要功能房间（正房、厢房）自身之间的对称式布局。

（2）内院形态上的差别

从内院形态上看，二者之间也存在着明显的差别，陕西党家村院落住宅的内院（加粗部分）深与宽之比约为3:1，视觉形态上呈狭长的矩形平面，包括各个功能房间在内的院落布置显然是沿着内院的进深方向呈轴线对称式展开；而河北北鱼口院落住宅的内院深与宽之比约为2:3，与前者的内院形态相比较为舒展、开阔。

传统图论的分析方法使人很容易产生一种错觉，即两地的院落式住宅由于内院空间形态的差别必定拥有不同特征的空间基因类型[2]。陕西党家村民居内院窄长，更像是类似于室内走廊的交通空间；而河北北鱼口民居内院开阔，处于街巷与室内之间，是室内空间的外扩与室外空间的内渗。一些学者也在研究中指出"关中民居的院落宽与长之比接近1:3，其功能单一，只是当作过厅来使用"[3]。然而，形态上的差异无法掩盖空间与空间之间内在拓扑关系的相似。我们在实地调研的过程中发现，尽管气候条件、地域文

---

① 列斐伏尔 著，李春 译. 空间与政治（第二版）[M]. 上海：上海人民出版社，2008.

② 基因类型，外来词，Gene-type，这里指排除了视觉表象的空间自身的内在结构关系，也可理解为深层空间结构的逻辑。

③ 王向波，武云霞. 在继承中发展——关中传统民居的现代化尝试 [J]. 建筑，2007（5）：108~110.

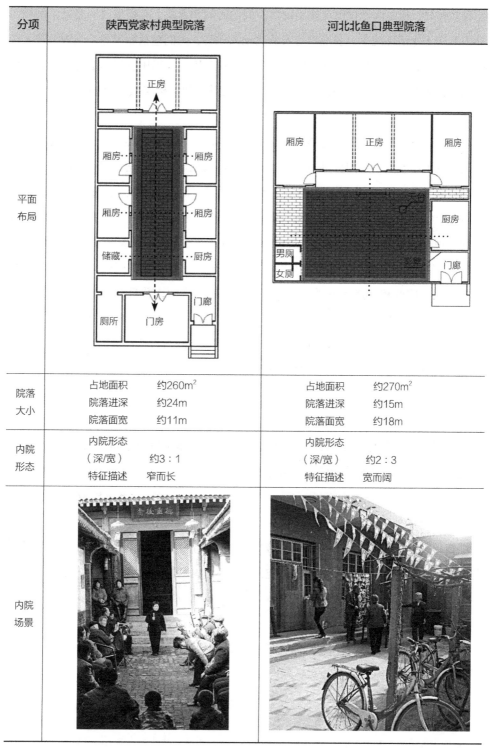

分项	陕西党家村典型院落		河北北鱼口典型院落	
平面布局				
院落大小	占地面积　　约260m²		占地面积　　约270m²	
	院落进深　　约24m		院落进深　　约15m	
	院落面宽　　约11m		院落面宽　　约18m	
内院形态	内院形态（深/宽）　约3:1		内院形态（深/宽）　约2:3	
	特征描述　　窄而长		特征描述　　宽而阔	
内院场景				

图3-19　典型院落的形态比较

图片来源：实地调研

化存在差异，但是两地村民在使用院落空间的时间和方式上有很多共同之处，例如两处内院均为生活性院落，表现出与农业活动的融合，人们包括做家务、吃饭、聊天在内的大部分日常生活更愿意在内院或檐廊下解决。因而，采用空间句法理论及其软件对两处院落进行客观的量化分析，排除视错觉对空间结构本质研究的干扰显得尤为必要。

空间整体拓扑结构的描述能够准确地反映空间自身的基因类型，排除视觉干扰。研究采取了凸空间的空间分割方式，将两处院落式住宅平面依据功能的不同划分为若干凸空间①，为了使凸空间的分析更加准确、严谨，研究采用最少且最大的凸空间来覆盖整个院落的空间系统。从视觉认知的角度来看，处于同一个凸空间的所有人可以彼此互视，换而言之即处于相同凸空间中的每一个空间点都能观察到整个凸空间。凸空间分析采用拓扑几何学②的基本原理，以J型图（拓扑关系图解）的方式描述各个凸空间之间的相互连接关系，以及人们如何使用空间，并且在空间中产生聚集的状态。

通过实地观察，研究将所涉及的凸空间根据该空间与自然环境的联系程度大体划分为户内空间、半户外空间、户外空间三种类型：

（1）户内空间

指四界范围有明确的墙体（包含门窗）和屋顶分隔的室内空间，如正房、厢房、厨房、厕所等具有实际功能的建筑实体。

（2）半户外空间

指顶部有屋顶、挑檐或雨篷等遮蔽构件，但四界范围并没有完整的墙体分隔室内与室外的此类空间，如檐廊、门廊等空间。

（3）户外空间

指四界范围均没有墙体，且露天的室外空间，如内院。

---

① 凸空间（convex space），连接该空间中任意两点的直线均处于该空间当中。

② 拓扑几何学的基本原理即在忽略了空间长度、角度、形状等特性的基础上，研究几何图形在连续变形条件下仍然保持不变的性质，例如允许空间产生任意扭曲和收缩等连续变形的情况，空间未发生割裂和粘合，只关注空间的连续性和连结性等特征。

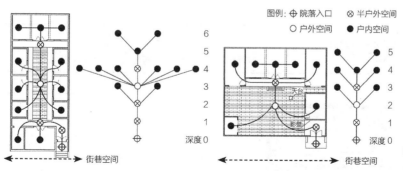

图例: ⊕ 院落入口　⊗ 半户外空间
　　　○ 户外空间　● 户内空间

图3-20　典型院落的J型图
图片来源：作者绘制

通过绘制两座院落的J型图进行空间的拓扑分析和比较，可以排除空间形态在视觉感官上对人们的研究判断所产生的误导。J型图为空间组构提供了直观的量化描述方法，它不强调欧氏几何中距离和形状等概念，着重表达空间节点与节点之间的连接关系，以及上述关系所组成的整体空间系统的拓扑结构。研究将空间拓扑结构观察的出发点，即院落入口定为街巷空间，凸空间用点来表示，空间与空间的转换以线来表示，最终我们得到两处院落从街巷空间出发体验整个系统的拓扑关系图解（J型图，详见图3-20）。

借助Depthmap软件，该研究可以进一步量化局部的空间节点，得到表3-3，同时在连接度与整合度之间建立衡量空间可理解度的散点图（图3-21），上述工作有利于人们全面认知和把握隐含在院落空间结构之中的生产力。

凸空间整合度分析及句法变量比较　　　　　　表 3-3

凸空间整合度分析（按功能划分）		句法变量比较			
	空间编号	连接度	控制度	平均深度	整合度
陕西党家村	1	2	1.25	2.9	0.9414
	2	1	0.25	3.0	0.8786
	3	1	0.25	3.0	0.8786
	4	4	2.63	2.1	1.6475
	5	1	0.13	2.6	1.0983
	6	1	0.13	2.6	1.0983
	7	1	0.13	2.6	1.0983
	8	1	0.13	2.6	1.0983
	9	1	0.13	2.6	1.0983
	10	1	0.13	2.6	1.0983
	11	8	6.75	1.7	2.6359
	12	2	0.46	2.2	1.4644
	13	1	0.33	3.8	0.6276
	14	3	2.5	2.9	0.9414
	15	1	0.33	3.8	0.6276

续表

凸空间整合度分析 （按功能划分）	句法变量比较				
	空间编号	连接度	控制度	平均深度	整合度
河北 北鱼口	1'	2	1.25	2.5	0.8847
	2'	4	2.75	1.8	1.6588
	3'	1	0.25	2.7	0.7806
	4'	1	0.25	2.7	0.7806
	5'	4	2.58	1.7	1.8958
	6'	1	0.25	2.6	0.8294
	7'	1	0.33	3.1	0.6319
	8'	3	2.25	2.2	1.1059
	9'	1	0.33	3.1	0.6319
	10'	1	0.25	2.6	0.8294

数据来源：作者制表，Depthmap软件分析计算

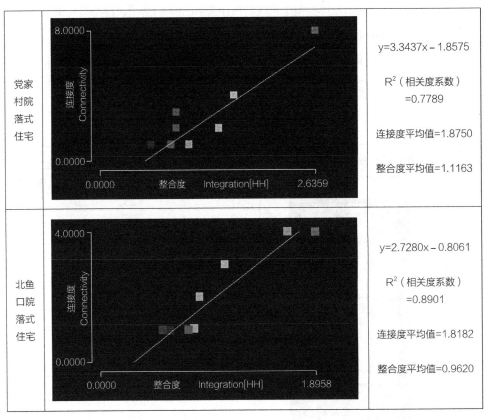

图3-21 可理解度比较

图片来源：作者绘制

研究可以得出以下几点结论：

（1）对称的树型结构

尽管从直观形态上两处院落存在着明显的差异，即前者党家村院落住宅平面形态整体呈狭长平面，整个院落为四合院布局，内院的中心性强，房间与轴线的对位关系十分明确；而后者北鱼口村院落住宅平面形态则相对开阔，整个院落为三合院布局，内院在构图中处于偏心位置，房间与轴线的对位关系比较模糊。但是两座院落的J型图所描述的各个空间之间的拓扑关系却清楚地表明两者均为严格的轴线对称式布局（见图3-20），且空间的拓扑结构呈现出高度一致的枝杈状树型结构。

（2）凸显的"灰空间"

图3-20显示，从整体拓扑结构来看，二者的户外空间（内院）与半户外空间（门廊、檐廊）均位于空间的中轴线上，对室内空间起到了沟通连接的作用，上述空间节点对于人们更好地理解和把握整个院落空间系统起到了重要的作用，对结构的控制性地位凸显。黑川纪章认为"灰空间"是建筑设计中的一种重要手段，它可以用来减轻由于现代建筑使城市空间分离成私密空间和公共空间的现象所带来的人类情感上的疏离[①]；从这个意义上说院落式住宅当中的内院、门廊、檐廊等户外空间与半户外空间都可以看作是灰空间的表现形式。两座院落式住宅空间拓扑结构的中心轴线与其灰空间位置的高度重合，强调了传统民居在自发性建设的过程中结合自然环境、主客体交融的朴素主义生态学意识。

（3）隐含的功能分配

树型结构本身意味着连接线的数量比被连接的空间节点的数量减少一个，即从一个空间进入其他任意空间只存在唯一的路径，没有形成回路的环，这是所有树型结构空间共同的特征。两处院落空间的树型结构表明，门廊、内院、檐廊等户外与半户外空间处于树干的位置，而除了用作接待会客的正房明间外，其他室内空间均处于树杈的位置。从可达性的角度来看，人们想要从街巷空间进入室内，或是从室内到达街巷空间，必须经过一定数量的灰空间才能够实现。分叉的树型模式为使用空间的人们提

① 郑时龄，薛密. 黑川纪章 [M]. 北京：中国建筑工业出版社，1997.

供了一套既定的公共空间和私密空间之间的相互关系，即位于树干上的空间为公共性空间，而处于树杈上的空间为私密性空间。自然而然地位于树干上的内院、檐廊、门廊便成为居住者公共活动密集的空间场所，人们在此偶遇、聚集、互动、交往，使得这里充满了生机与活力。

（4）拓扑中心的易达性

表3-3列出了两座院落的凸空间整合度分析以及相关句法变量的数值，其研究过程是借助Depthmap软件进行凸空间分析得到整合度图表，图表根据整合度数值的高低上色，颜色越暖代表空间整合度值越高，反之整合度值则越低。凸空间分析中整合度值的高低一定程度上反映出该空间在整体空间结构当中的可达性，或者说是空间中其他空间到达该空间的难易程度。分析结果同现实情况相符，由内院、檐廊组成的拓扑中心与其他空间相比，平均深度值较小且整合度值较高，是院落空间的核心区域；在实际使用过程中，人们在该区域的活动性质明显具有外向性，除了平时在此晒粮洗衣、吃饭聊天、绿化栽植等日常行为外，有时还用来举行婚丧祭祖、庆典接待等重要仪式，空间的使用频率较高。需要指出的是可达性模式主要受制于空间的基因类型，基本上不会由于气候条件或房屋结构的不同而产生较大的差异，即人的生理性需求对可达性模式的影响较小，这样我们也就很容易解释前面传统的图论分析研究方法难以阐明的居住文化现象了。

（5）可理解的空间系统

空间句法理论认为评判一个空间系统是否具有可持续的空间结构，关键在于人们通过局部空间观察、体验、认知、把握整体空间的难易程度。在句法的相关变量当中，空间的连接度值（Connectivity）、控制度值（Control Value）均属于对系统局部空间的描述，能够把握局部空间与相邻空间的连通和渗透程度；而全局整合度属于对系统整体特征的表述，体现某一空间相对于系统的中心性。因而，在连接度值与全局整合度值之间建立散点图（图3-21），能够帮助我们理解空间局部与整体之间的关系；当代表局部变量的连接度值与代表全局变量的整合度值相吻合时，人们可以通过局部空间更好地理解整个空间结构进而更为积极、有效地去使用空间。图3-21表明，两处院落空间的连接度与整合度之间均表现出高度的相关性，其中党家村院落空间的相关度系数R^2为0.7789，北鱼口为0.8901，系统的可理解度被定义为整体结构与局部控制之间的关系，其中当相关度系数为1时可理解度最强，为0时空间将是支离破碎的系统[①]。

综上所述，院落式住宅作为村庄聚落内部的细胞单元，在为人类日常行为提供庇护空间的同时，还兼具两种社会功能：

其一，院落式住宅作为人类居住和活动的空间载体之一，构成了日常生活中社会组织的空间秩序；

其二，院落式住宅以人类视觉可见的物质形态结构和要素，来再现社会组织。

上述功能表明院落式住宅的社会维度在本质上具有一定的组构性特征，体现了存在于空间当中的人类凭借直觉或者潜意识运用组构原理进行空间思考的思维方式和习惯；这与人们在使用语言方面的潜在行为相类似，人们常常会直觉性地运用语法结构进行思维表达，即人类的思维能够较为有效地进行组构性的思考。希利尔认为"组构是不可言的，人们理性地谈论和分析事物的组构将非常困难，尽管大部分的时候人们会积极地去使用它"[②]。在传统民居的空间布局和形式方面，"组构"这一不可言表的想法所发挥的重要作用，如同语言学中的语法规则，暗示和控制着外在的、表象性的元素；这些表象性元素在语言中可以是一个词或是一组词，而在建筑及其环境中则是空间元素和几何对位关系。传统民居的建造通过空间和形式的方式，再现了地方性文化和社会性生活，并且长期保持积极的空间活力，是一种赋予了潜在组构关系的可持续的居住形态，这就是民居很少会让人感觉到形式突兀或欠协调的原因。

3.4.3.2 街巷空间和村落形态

中国传统的农业聚落往往以街巷为轴，串联院落式住宅进而构成有机的空间形态。相对于城市居民而言，农民对待街巷的态度更加亲近，对街巷的使用率普遍较高；农业居住模式的特殊性促成了村庄空间秩序的内生，村民的地方认同感明显高于城市居民。在漫长的封建农业社会时期，街巷空间同农业生产、人文活动、地域条件等因素相结合，成为传统农业生活外化的空间载体。同易于把握整体结构的小尺度院落式住宅相比，人们对于村落系统的理解与认知更加依赖局部空间的观察和体悟。一个可持续的空间网络形态，意味着人们从单一空间或局部空间所能看到的相邻连接空

① Bill Hillier 著，赵兵 译. 空间句法——城市新见 [J]. 新建筑，1985（1）：62～72.

② 比尔·希利尔 著，杨滔，张佶，王晓京 译. 空间是机器 [M]. 北京：中国建筑工业出版社，2008.

间，在一定程度上能够成为无法看到的空间结构的有益引导[①]；而对于缺乏可理解性的空间系统，存在很多局部的连接空间不能有效地整合到整体空间结构系统中去，人们假设依据上述可见的连接去判断整体系统，将会对复杂的空间体系产生错误的认知。因此，局部空间与整体空间的协同能力，对于人们空间认知体系的建构起到了决定性的作用。

对于街巷空间和村落形态的空间句法分析，研究采用轴线图（Axial Map）分析的方法，以最少和最长的轴线表征整个村落形态进而得到一系列的量化参数。轴线是传统村落内生秩序与空间结构形成的重要元素，也是人们体验空间系统的主要方式；句法轴线最常见的特征是它通常穿过一系列局部凸空间，置身于空间中的人通过轴线能够在头脑中形成比较完整的关于空间系统的认知；相比于在局部的凸空间中获得的空间信息，轴线的方式更加全面，有利于人们充分感知村落的空间形态，以便在其中更加有效地移动。通过句法变量的研究分析，能够总结出人流的自然运动与实际空间路径之间的内在关联，有利于揭示街道网络中更深层次的特征[②]。

以陕西党家村为例，其村落位于东西走向的泌水河谷北侧，是陕西关中地区目前保留最为完整的传统村落。从总体布局上来看，该村属于典型的村寨结合的空间布局，村庄历经明清两代发展至今，其空间形态的发展以时间为序分为三个阶段：

（1）第一阶段

从建造年代上来看，老村的核心部分形成的时间最早，党姓与贾姓两大家族亦商亦农，使得党家村得到了快速的发展，村庄建设沿中心东西向的主要街道呈线性发展，表现出大规模扩张的趋势。第一阶段轴线图分析结果如图3-22所示，总体上，该阶段村落街道空间网络的全局整合度值域在0.6908～2.0532之间，平均整合度值为1.1551；东西向的主街整合度值最高，其值为2.0532，村落空间系统以主街为中心轴形成了明显的整合度集成核，主街在空间中的结构骨架地位凸显。研究在全局整合度与局部整合度（3步拓扑深度）之间建立散点图，点集分布均匀，跨度较大，回归直线公式表达为$y=1.315x-0.0072$，相关度系数$R^2=0.9059$，数据表明二者之间存在着高度的相关性，该阶段村庄呈现良好的自生长趋势，空间可理解度较高。

---

① Ruth Conroy Dalton. 空间句法与空间认知［J］. 世界建筑，2005（11）：41～45.

② Bill Hillier. 场所艺术与空间科学［J］. 世界建筑，2005（11）：82～86.

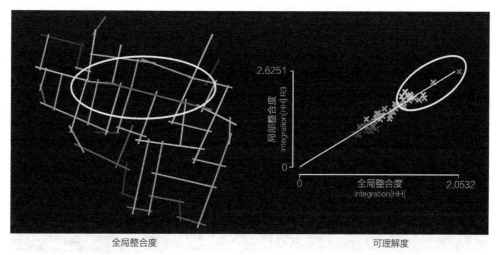

全局整合度   可理解度

图3-22 党家村第一阶段空间轴线分析
图片来源：作者绘制

（2）第二阶段

随着党、贾两姓外出经商活动的日益频繁，党家村的经济空前发展，村庄建设在第一阶段的基础之上向外扩张，主街的轴心地位得到了加强。到了清代咸丰年间，在村庄扩建的同时，出于防御的需要，村民修建了泌阳寨堡，又称上寨，上寨内部包含居住、祠堂等功能，还有水井、涝池等设施，以备战时所需。从老村通向寨堡只有一条南向隧道，入口的一侧有一片集中的空地，涝池位于空地东南侧，这里曾经是人们活动聚集的场所。党家村为典型的村寨分离的空间布局方式，即居住功能与防御功能分开，其空间形态是村民自下而上集体智慧的体现。第二阶段轴线图分析结果如图3-23所示，尽管村庄范围扩大，且在东北角方向修建了寨堡，但是并没有削弱东西向主街在整体空间系统中的核心作用；该阶段村落街道空间网络的全局整合度值域在0.4286～1.3337之间，平均整合度值为0.8026，而主街的整合度值与其他街道相比仍然是最高的，其值为1.3337。很多重要的公共性建筑均位于主街两侧，或是与主街相邻的1步拓扑深度的整合度集成核内，例如党家祠堂、贾家祠堂、观音庙、戏楼等，主街人流活动较为密集。老村部分的空间整体结构依然是以主街为骨架向东、西两向延展，特别是由于东北部新建了寨堡，村庄东侧的扩建速度和规模显得更加突出。单从数据分析来看，村落全局整合度的均值比第一阶段有明显下降，其原因一方面是由于扩大后的村落空间形态本身复杂程度高于原有结构，另一方面是由于具有防御功能的寨堡与老村的联系单一，从而整体上拉低了空间结构的整合程度，因而全局整合度的降低成为空间系统特殊功能需求的必然结果。

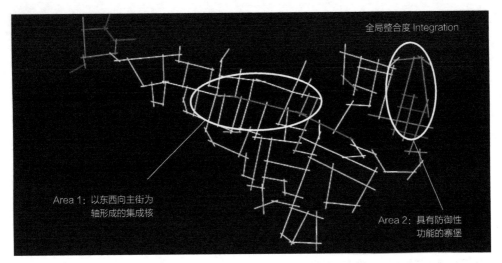

图3-23　党家村第二阶段空间轴线分析
图片来源：作者绘制

（3）第三阶段

20世纪80年代，地方政府为了保留古村落的完整性，对党家村做了全面的保护与规划，村民们依据规划在上寨北侧重新选址建立了目前的新村，并进行了搬迁，而老村和寨堡被完整保留了下来，用于旅游项目的开发。第三阶段轴线图分析结果如图3-24所示，从整体空间结构来看，新建村庄部分的加入并没有影响到老村内部原有的空间结构，东西向主街在整个系统中的核心地位与第二阶段相比依然没有动摇；该阶段村落街道空间网络的全局整合度值域在0.4182～1.2628之间，而平均整合度值为0.7742，基本与第二阶段的量化指标持平，可见新的规划由于保留了原有村落的空间肌理，另辟新村，并且新村的街巷网络方向与老村及寨堡部分一致，各向同构的规划思路有效地利用了空间系统本身的组构特征，取得了比较理想的规划效果。特别指出的是，位于村落主要出入口处的南北向道路在整合度分析中凸显了出来，该道路与东西向主街正交，并在交叉处形成了一个小型的广场，这里成为人们进出老村的一个重要的公共空间节点。广场上设立了包括贞节牌坊、古亭等具有标志性的空间元素，是村民们迎亲送客的必经之处。由于旅游开发，该广场目前还被用来停放机动车辆，同时成为接待游客和买卖交易的场所，空间利用率极高。

通过对党家村三个阶段的街巷空间及村落形态的轴线图量化分析，研究发现该村在漫长的自我生长和发展过程中，采取了由内向外逐渐扩张的空间组织方式。整个空间系统中具有高整合度值的东西向主街，在整个村落的空间形态中具有主导性和控制

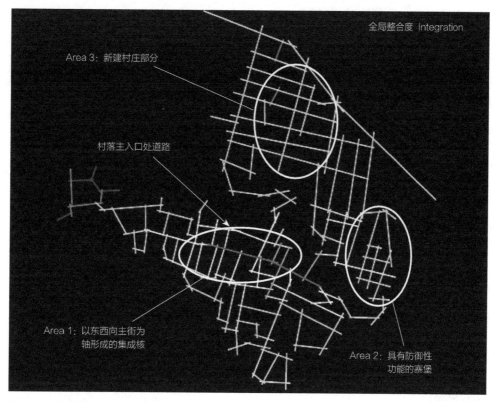

图3-24　党家村第三阶段空间轴线分析
图片来源：作者绘制

性，成为人们自然运动、心理归属以及运动经济的中心；调研结果表明，沿主街除了具有宗族象征意义的贾家祠堂和党家祠堂均分布在主街两侧外，很多自发性的家庭商店、旅馆也都分布在主街两侧。局部与全局整合度之间的高度相关表明局部空间与全局空间之间具有良好的协同效应，其深层次的空间特征和组构规律对村落自下而上的建设实践起到了关键性的作用。

　　再以河北北鱼口村为例，该村落位于地理自然条件良好的华北平原地区，因而街巷空间平坦笔直，视线渗透性良好。通过对街巷空间和村落形态的轴线分析，如图3-25所示，得到该空间网络全局整合度值域为0.5628～2.4536，平均整合度值为1.3170；其中村落中心处的东西向主街整合度最高，与党家村空间形态相似，也形成了以主街为中心的整合度集成核；另外，有一条南北向的街道同主街正交形成了十字形骨架，该街道在空间系统中的整合度值仅低于东西向主街。从全局整合度分析的结果来看，村落的发展也是采取了从中心向外扩展的方式，主街在整体空间系统的发展过程中起到了主导性的作用，其轴线控制度值为6.0857，远远高于其他轴线的控制度

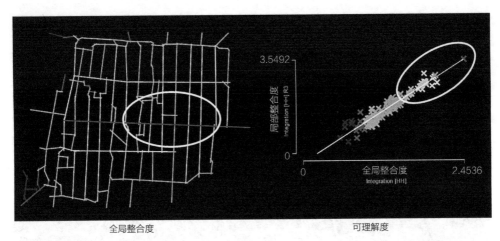

全局整合度　　　　　　　　　　　　　　可理解度

图3-25　北鱼口空间轴线分析
图片来源：作者绘制

值，这表明主街对于局部空间的渗透性和连通性也较好。建立可理解度的散点图，研究得到回归直线的公式为y=3.2196x-0.6936，相关系数R^2=0.9332，呈现出高度的相关性；而散点图中圈出的点与集成核相吻合，再次验证了系统的空间结构沿主街发展的内在规律。

　　与亦农亦商的党家村情况不同，北鱼口没有开发相关的旅游产业，其农业经济的单一结构促使该村配套的商业及公共服务设施属于自给自足的内向型结构，但是上述设施的分布依然遵循了空间结构的自组织规律，空间组构对人的自然运动形成了一定的支配性作用。

　　通过实地调研，发现家庭经营的小型商店、小型餐饮基本上都自发组织在主街两侧，其数量约占全村的80%；另外，一些公共服务设施，如幼儿园、卫生所、村委会、小学等均沿十字街分散布置。在内需型、内向性的社会结构中，以主街为轴心的整合度集成核显然成为整个村落中人流自然运动聚集的吸引点（图3-26）。

　　在总结上述两个案例的句法量化分析结果之后，研究发现尽管两处村落因自然条件、地理条件以及历史形成等因素存在差异，空间系统的外在形态存在明显的不同；但是大量的句法轴线图示和数据表明两处传统村落的空间结构表现出拓扑意义上的同构：

（1）自组织的生长机制

　　两个村落的轴线整合度分析显示，二者均存在一个以中心街道为轴心的整合度集

图3-26　北鱼口公共服务设施分布
图片来源：实地调研

成核，村庄的自然生长以此为基点向外延展，空间轴线网络呈现出由内向外自组织式
的分形。由此可见，传统农业村落的形成和发展往往是一个自发的过程，通常人们对
村庄的规划和建设缺少明确的和先验的目标，村落由内向外逐渐发展而成。芦原义信
在《街道的美学》中指出空间秩序的建立通常有两种方式，其一是从边界向内建立向
心秩序的空间，其二是没有意识到边界进而从中心向外离心扩展的空间①。显然，传

———————

① 芦原义信 著，尹培桐 译. 街道的美学 ［M］. 武汉：华中理工大学出版社，1989.

统村落空间组织的建立是基于第二种方式，空间形态的自然生长占据了主导因素，而正是这种自组织的空间形成方式，使得传统村落能够在与外部环境发生往复碰撞时产生自我调适的过程，始终保持有机的、统一的系统结构，进而维持自身的生命活力。

（2）局部与整体的协同

两处村落的可理解度散点图显示，二者的局部空间与全局系统之间存在着高度的协同效应。传统农业村落街巷网络的形成因建造年代和技术条件的制约，往往参考人的活动尺度，道路网格密度较大而横断面尺度较小；也正是因为如此，句法轴线变量所表征的隐含在街道网络内部空间的组构关系，与村落中实际自然人流的运动模式才更加吻合。在可持续的街道网络系统中，局部与整体系统之间具有各向同构的特性，即整合度高的局部空间，全局整合度也高，而整合度低的局部空间，全局整合度也低；人们可以通过空间网络的局部空间视觉信息，对整个空间系统结构进行判断，系统的可理解度较高，更容易在当地居民内心形成普遍的空间归属感与地方认同感。

（3）开放性与内隐性的平衡

空间句法轴线分析的核心思想在于找出空间网络与人流运动的内在联系，即空间网络的内在逻辑能够引导不同的人流运动模式，进而产生运动经济。两处村落的句法分析结果表明，全局整合度的集成核意味着该区域具有较强的空间可达性、连通性和渗透性，是句法意义上空间结构中心性最强的区域，更容易成为人流依附和经济活动活跃的地区，进而形成中心集聚的乘数效应。因此，上述集成核更容易发展成为村落结构中开放性的空间，也是外来人群最容易理解、认知、可达的区域。相对于整合度较高的集成核，可理解度散点图中离散的点往往是深度值较高而整合度较低的轴线，此类线性空间与集成核区域共同组成了具有层级结构的空间网络，较低的可识别性和连通性，避免了外来人口对于局部空间领域的穿越，更容易塑造内隐性的居住空间。传统农业村落的空间形态较好地平衡了开放性与内隐性之间的二元关系，因而获得了长期稳态、可持续的发展，展现给人们空间视觉的有机性和生命力；然而，隐含在表象背后的空间组构特征及自组织机制才是支配空间可持续发展的内在动因①。

---

① 段进. 城市空间发展论 [M]. 南京：江苏科学技术出版社，2006.

本章小结

传统农村一般很少以统一的人为规划为前提进行建设，而是首先考虑居住与"农耕"这一特定产业活动之间的内在关联，将空间布局融入周边的地域环境中去；与城市地区相比，村落的街道、院落、建筑等空间尺度较小；这种小空间的可识别性，成为有利于人们把握事物、交流交往的物质基础，也正是这种小尺度、紧凑式空间布局构成农民繁衍生息、世代相传的家园。传统的乡村空间当中所蕴含的生态学智慧是可持续农业社区理论研究的起点。

在对陕西韩城党家村与河北成安北鱼口村两个传统农业村落的案例剖析中，研究采取了传统图论分析与句法量化分析两种方式结合的研究方法，结合实地调研的数据深入探究隐含在传统农业村落空间形态下的生态学智慧。研究发现，尽管地域文化、气候条件以及地形地貌等因素存在较大的差异，但是二者在长期维系可持续发展的农业生活圈和文化圈这一方面，其村庄空间结构有着高度一致的共同特征，具体包括：

（1）具有社会交往功能的小尺度街巷空间；

（2）具有一定生产功能的紧凑式院落布局；

（3）较高的居住密度；

（4）明确的村庄边界；

（5）同周边耕地、自然环境有着天然的联系；

（6）基础设施方面拥有自来水、电灯、电话，在排水排污方面仍采用传统方式，村庄各自拥有服务于当地的基础性教育机构——小学，服务半径为400~450m；

（7）空间载体与社会生活之间存在着内在的联系，空间组构在村落形态发展中起到了重要的推动作用。

大部分中国传统村落将生动、复合的农业人文景观融入村落内部空间的各个层面上，具有较强的规律性。在反映自然环境、地缘、血缘的过程中，中国传统农村形成了较为明显的空间特征，体现了朴素主义的生态观和生活观；空间成为真实反映传统农村社会生活本质的物质载体，具体包括街道、院落、建筑等空间。以北方传统农村为例，其人文活动与季节联系比较紧密，村庄在农忙跟农闲时期的景象有着比较明显的差别，农民常常在农忙的时候抓紧时间耕作，利用农闲的时间打工或婚嫁。街道、院落、建筑成为人们生活、交流空间的重心，有着不可或缺的混合功能，成为辅助农业劳动的重要场所。特别是街道空间在传统村落当中不只起到了交通联系的作用，还起到了促进村民参与公共活动，塑造公共空间的行为活动，是人们单一农业生活模式的必要补充。陶渊明在《归园田居》中曾写下"户庭无尘杂，虚室有余闲；久在樊笼里，复得返自然"的美妙诗句，以描写乡村生活和农业生产当中所蕴含的丰富的生态美学智慧，强调人与自然的和谐统一。

然而必须承认，农业生产的经济价值远远小于工业生产，实地调研的数据充分说明了这一问题，因此当前中国社会出现了传统农业村落的衰败，以及城镇化的急速扩张等社会发展的弊病。经济矛盾与生态矛盾始终并存，如何解决这一矛盾，又如何将那些长期存在于传统农村的生态传统转化为现代设计的语言，实现真正可持续发展的乡村社会，是当前我国城镇化进程之中亟待解决的难题。

第 4 章

可持续农业社区的
模型建构

当前的可持续发展理论，已经在全球范围内演化为一场对于人类生存现状与未来发展的审视运动，越来越多的建筑师与规划师开始关注城市的发展模式，从设计的角度反思现代城市规划与建设究竟给人类带来了什么，同时思考现在应该去做些什么，以便创造一个可持续发展的生存环境。可持续农业社区提出以生态模型为基础，建立起一个新型的空间形态，该形态本质上是以保留乡村的自然尺度特征为前提，而在社区经济活动和社会活动的水平方面等同于城市，并实现与城市的密切联系，是一种"城乡一体化"意义上的新型农业社区。

4.1 可持续农业社区的规划哲学

4.1.1 "到哪里去"的问题

Lewis Carroll在小说《爱丽丝梦游仙境》（*Alice's Adventures in Wonderland*）中描述了这样一段场景，爱丽丝问Cheshire猫："你能告诉我该走哪条路吗？"Cheshire猫回答："这只依赖于你要到哪里去。"[1] David W. Orr在《自然设计》一书中指出："可持续运动将人类带入一场关于如何延长地球使用寿命的大讨论，讨论主要局限于更高效的技术，更正确的资源使用，更明智的公共政策以及资源定价。"[2] 上述问题的本质在于人类应该如何与地球上的生态系统和谐相处，而这需要采取一种"与生态为善"的谦逊的规划哲学态度。

毫无疑问，中国的城镇化进程正在面对数量多、范围广的传统农业社区"到哪里去"的艰难挑战：

（1）一方面，中国传统农业社区具有较为稳定的生态系统与空间特征，与自然环境和周边耕地有着天然的密切联系，生态效益和社会效益突出。但城镇化的过程中，由于受到人口和社区规模的限制，集聚效应和经济效益不强。

（2）另一方面，国内正在普遍进行的新农村社区建设常常采取将几个相邻的自然村彻底拆除，再重新选址并规划一片新社区的"迁村并点"的方式。新的规划往往包括社区必要的商业、配套服务、工业园或设施农业，通过人口集聚来提高经济效益，但是新社区的建立以乡村传统与生态特征的消失为代价，不过是一场大拆大建的城市向乡村"殖民"的粗放式建设过程，生态效益和社会效益伴随经济效益的提高而较弱。

美国管理学家彼得提出"短板效应"的现象，又称水桶原理（图4-1），目前被广泛应用在经济学、管理学等多个学科，其核心内容为："一只水桶盛水的多少，取决于桶壁上最短的木板，而不取决

图4-1 短板效应
图片来源：http://www.baidu.com

① 来源于网络：http://en.wikipedia.org/wiki/Alice's_Adventures_in_Wonderland

② David W. Orr. The Nature of Design ［M］. Oxford University Press，2002.

于最高的；只有当桶壁上的所有木板都足够高，水桶才能盛满水，假如水桶里有一块木板的高度不够，那么水桶里的水就不可能盛满。"[①]虽然这只是一个简单的形象的比喻，但是该原理对于研究充满复杂性、矛盾性的城镇化现象却同样适用。中国的工业化和城镇化迅速发展的同时，在经济上取得了巨大的成就，但是同时也付出了惨痛的代价。《中国公众环保民生指数》显示：在一些原先较为洁净的乡村，污染的程度已经超过了城市，每年大约1.2亿吨的农村生活垃圾几乎全部露天堆放，超过2500万吨的农村生活污水几乎全部直排，使农村约有3亿人喝不上干净的水，乡村居民点周围环境质量严重恶化[②]。粗放式的发展方式对农村环境的破坏，根本原因在于人们对城镇化的认识上的偏差，对于土地利用只注重经济效益，而忽视了生态效益和社会效益。乡村的可持续需要经济、社会、环境三者的齐头并进，忽视了哪一个环节，都将引起城镇化进程中的"短板效应"。实质上，上述三者之间并不矛盾，土地利用的社会效益和生态效益的显著提高，有利于刺激土地的需求并形成高品质的社会、生态环境，其效益价值最终可以通过市场得以显现，从而获得较高的经济效益。

在系统的承载能力范围内，协调城镇化与人、社会、环境的关系；能否通过研究提出一种农村社区可持续发展的理想模式，该社区拥有合理的规模，同时又保留了农村与自然天然联系的特征和传统，通过适宜的规划策略和技术手段去应对新农村建设对于乡村生态环境产生的负面影响，而不是以昂贵的移民方式来解决乡村发展的问题。新农村社区的规划师和建筑师通过理解生态环境和经济、社会发展之间的内在有机联系，在可持续发展的框架内探究适合乡村自身发展和功能性并存的设计，将会带给人类更多的发展机会。

20世纪70年代，联合国教科文组织发起了"人与生物圈"（MAB）计划，首次提出了"生态城市"的概念，其基本轮廓是社会、经济、文化和自然高度协调的人工复合生态系统[③]；生态城市规划寻求改善和解决环境问题的各种途径，其中包括水资源治理、垃圾处理、改善微气候以及交通运输方式提升等方面的研究。上述讨论向可持续设计的方向跨出了重要一步，但是值得注意的是，生态城市的研究依旧采用了由里及表的传统设计方法，它首要还是关注"城市"内部层面，忽略了一个关于可持续发展的最为重要的话题——粮食生产。现实生活中，大量的能源浪费在粮食从田间运往

---

① 来源于网络：http://baike.baidu.com/view/195498.htm

② 叶剑平，张有会. 一样的土地，不一样的生活 [M]. 北京：中国人民大学出版社，2010.

③ 宋序彤. 关于实践生态城市的解析 [J]. 城市发展研究，2003，10（6）：71-75.

餐桌的途中，假如始终缺少一套有效的、一体化的可持续粮食生产系统组织到城市空间结构当中，一个巨大的障碍就会存在于人类聚居地可持续发展的进程之中。

本研究提出了"可持续农业社区"（Sustainable Agricultural Community）的概念，其内涵主要包含了农业形态、可持续性与社区意义上的村落三个层面的内容。可持续农业社区的主要经济模式以可持续农业以及包括粮食加工、食品加工等环节在内的农业相关产业链为中心，适当发展生态农业观光旅游。本质上，可持续农业社区是一个具有联合意义的农业社区模型，它既不同于经济效率低下的传统农业村落，也有异于生态效益欠佳的现代工业城市。通过发展具有卫星城镇意义的可持续农业社区所组成的城市外部区域网络，研究试图增强农业区域的吸引力，提供多种就业渠道以积累财富，使得乡村与城市之间能够形成平等的竞争，并且在二者之间建立起更为有效的联系。在城市设计中加入粮食生产环节方面的考虑，是实现可持续农业社区的关键步骤，同时也是一种由表及里的创新性规划设计方法。

4.1.2 从哪里来，到哪里去

生态学研究认为"物物相关是生态系统的第一定律"[①]，物质与能量的流动普遍存在于生物与它们的生存环境之间，进而形成了它们的空间联系——"社区"，在针对特定的社区系统研究时，首先应当定义一个更大的系统边界。美国生态学家Howard T. Odum提出了"奥德姆模型"，模型使用太阳、树木和鹿三者之间的简单图示，揭示了生态系统各个要素之间，生产者与消费者之间，以及能量与物质流动之间的相互关联（图4-2）。图4-2表明，太阳能量是万物生长的物质前提，植物生长所需要的全部能量来自于对阳光直接和间接的吸收，鹿再通过食用植物的树叶得以生长，其产生的生活粪便等又转化为植物生长的养分反哺给植物。"从哪里来，到哪里去"，生态学的这一基本原理对于可持续农业社区的课题研究产生了积极的意义，并带来了解决问题的根本性方法。可持续设计受到生态学的影响，要求在一个更大尺度的系统范围之内研究社区的问题；生态模型说明了可持续设计的基础性问题，是将环境看作与社区相互依赖的一个整体系统，即当研究针对一个具体的社区时，规划应当考虑接收、储存

---

① Daniel E. Williams. Sustainable Design: Ecology, Architecture, and Planning [M]. John Wiley & Sons, 2007.

图4-2　奥德姆模型
图片来源：Daniel E. Williams. Sustainable Design: Ecology, Architecture, and Planning [M]. John Wiley& Sons, 2007.

和传输可持续的能量和资源[①]。反过来就是说，如果一个社区具备了可持续设计的能力，就说明该社区能够在其内部形成可持续能源的循环、储存和联系。

可持续农业社区的建立遵循"从哪里来，到哪里去"的生态循环设计原则，意在研究一种以农业为主导产业的新型社区形态，该形态以若干邻近自然村落为基础，在保留原有村庄空间肌理的前提下，采取填充式的建设与开发方案；新的开发与原有村庄在空间形态、功能结构等方面相互融合、相互协调，其开发内容包括社区商业、公共服务、旅游和地方性食品加工工厂等多项功能，可以根据农业社区所在地域的具体环境和条件差异选择不同的、适宜的开发方案。需要明确的是，与现在普遍进行的以"经济模型"为基础的常规的新农村社区规划设计不同，可持续农业社区采取了以"生态模型"为基础的规划设计思路。

4.2　可持续农业社区的三层含义

可持续农业社区（Sustainable Agricultural Community）实质上是一个理想条件下具有联合意义的新型农业社区，其研究内容主要包括以下三层含义：

4.2.1　农业形态

研究倡导一种以农业为主导产业的新型空间形态，该形态将区域内部的居住与农

---

① Bart R. Johnson, Kristina Hill. Ecology and Design: Frameworks for Learning [M]. Island Press，2002.

业看作是一个相互嵌套的整体系统，并且与区域外部的城市保持密切的联系。可持续农业社区应具备以下特征：在经济、社会、文化水平方面等同于城市，但是，这并不意味着区域内部自身特征的消失或被城市特征同化；相反，可持续农业社区强调保留农田和开放空间，建立居民点与自然环境的天然联系，充分尊重和发展以农业为主导产业的地区所展示出的外部与内部形象；而不是将其作为与传统意义上的"城市"相互对立的"农村"概念，即经济落后地区来解读。

上述形态特征是可持续农业社区研究的前提条件，它将可持续农业社区与传统农村社区，以及普通意义上的城市社区从本质上区分开来。

（1）以农业为主导产业的多样化社区经济

可持续农业社区肩负着为区域内部以及周边城市居民提供稳定、新鲜、充足的粮食和食品的基本功能；农业对于人类生存的重要意义是不言而喻的，即保障粮食安全离不开农业。因而，发展健康、稳定的农业是可持续农业社区规划的首要任务。

在中国传统农村社区，农民将个人生计依附于土地，"生于斯，长于斯，老于斯"，然而由于农业土地附加值①远远小于工业土地的附加值，再加上我国的现实国情，农业生产比较单一，并且从事农业生产的人口相对较多，使得耕地资源无法集中在少数农民的手里，上述综合因素导致城镇化过程中城乡人均收入的差距逐渐扩大，因而人们头脑中长期存在着"乡村被认为是与城市相互对立的落后地区"的思想观念也在情理之中。从国外发达国家的城镇化经验来看，由于城镇化程度较高，因而大多数的发达国家耕地可以集中在少数农民手里，便于实现农场化管理并提高人均农业收益，但是发达国家的乡村建设也出现了一些问题，例如在英国，以环境为代价实现粮食安全，将乡村建设等同于单纯的农业生产发展是英国乡村发展的一个失误；而在美国，以环境为代价解决居住问题，将城市建设无序蔓延至乡村则是美国乡村发展的一个重大失误。因此，盲目将生产附加值低的农业土地拿来用做工业、居住或其他建设开发，采用类似决定城市土地价值的方式来决定乡村土地价值的做法是错误的和短视的，就生态效益来说上述过程将对乡村环境产生不可逆转的负面影响。

发展以农业为主导产业的多样化社区经济，能够从一定程度上改善传统农业社区单一农业功能的局限，建立起完善的农业经济的产业链，例如，就近安排一定规模的

---

① 土地附加值是指在土地原有价值的基础上，通过生产过程中的一系列科技创新和有效劳动所实现的土地新增值，即附加在土地原有价值上的新价值。

粮食粗加工与食品加工厂，或者根据地方特点适当补充乡村生态旅游产业，以便增加农民的经济收入，同时为城市居民的生活方式提供更多有益的选择。以德国乡村的"市民农园"经济为例[①]，当地以政府提供公有土地和居民提供私有土地两种形式向城市居民提供体验农村田园生活的机会，一般大约50户市民共同承租一块农园（总面积约2公顷，平均400m²/户），租赁者需要同政府签订25～30年的承租合同并自行决定农业经营的内容，包括从事种植蔬菜、花卉、果树等多样化的家庭农艺，目前市民农园的产品已经成为德国农业经济的有益补充，其产值占到德国农业总产值的1/3（图4-3）。

（2）经济、社会、文化水平方面等同于城市

可持续农业社区要求通过合理的空间布局和规划策略的实施，改善我国传统农村社区长期以来所形成的，在经济、社会、文化水平等方面落后于城市社区的形象；而以农业为主导的多样化社区经济的实施方案为乡村积累财富提供了有利的物质基础，可以在乡村与城市之间形成公平和积极竞争的经济前景，进而稳定农村地区的人口基数，在防止农业人口向城市盲目转移的同时，提供吸引城市人口到乡村定居的可能性。

国外发达国家的乡村发展经验表明，以上假设是成立的。以欧盟十国为例，单就社区的经济、社会水平以及基础设施等状况来说，上述国家的城乡差距正在不同程度地消失。特别是21世纪初始的近十年之间，各国农村地区的以工业化为背景的农业现代化建设正在逐渐淡出，取而代之的是不同方式、不同程度的经济社会改革。叶齐茂在对欧盟十国乡村建设经过翔实、深入的考察之后指出，中国人对于西方国家的印象往往是农村社区随处可见，而西方人对于自己的评论则是"这里没有村庄，除了城市还是城市"[②]；乡村社区良好的经济社会条件以及优越的生态环境，使得人们乐于在乡村居住，而农业社区本身也正在从单纯的生产型社区向"生产—消费"型社区转变。表4-1、表4-2揭示了欧盟十国城乡人口居住分布的比例以及经济水平状况；结果表明在乡村经济发达的欧洲，大部分居住人口分布在广袤的农村地区。

---

① 郭焕成, 吕明伟, 任国柱. 休闲农业园区规划设计 [M]. 北京: 中国建筑工业出版社, 2007.

② 叶齐茂. 欧盟十国乡村社区建设见闻录 [J]. 国外城市规划, 2006（4）: 109～113.

图4-3　德国乡村与市民农园

图片来源：http://www.google.com

欧盟人口居住分布比例（2003 年）　　　　　　　　　　表 4-1

国家	乡村人口比例				城镇化率	备注
	边远乡村	半边远乡村	易于到达的乡村	城市		
英国	27.2%	31.9%	33.9%	7.0%	89%	
德国	6.4%	27.7%	58.1%	7.8%	87.5%	
西班牙	54.2%	12.4%	11.6%	21.8%	77.5%	乡村类型划分根据汽车交通时间判断：边远乡村：>135min；半边远乡村：82~135min；易于到达的乡村：<82min
葡萄牙	44.9%	20.6%	33.4%	1.1%	67.6%	
意大利	34.5%	19.4%	26.8%	19.3%	66.5%	
法国	29.3%	29.6%	29%	12.1%	75.5	
奥地利	27.5%	38.9%	30.8%	2.8%	67.6%	
荷兰	3.3%	11.5%	78.5%	6.7%	89.5%	
比利时	0	0	67.3%	32.7%	97%	
卢森堡	0	0	100%	0	90%	
平均	22.7%	19.2%	46.9%	11.1%	81%	

欧盟乡村经济水平（2003 年）　　　　　　　　　　表 4-2

项目	边远乡村	半边远乡村	易于到达的乡村
人口比例	22.7%	19.2%	46.9%
人均GDP（欧元）	10379	13185	14224
专利数	>0.27	8.3	14.36
农林养殖业所占比重（%）	15.9	11.39	8.41

资料来源：叶齐茂. 欧盟十国乡村社区建设见闻录［J］. 国外城市规划，2006（4）：111

（3）保持原有农业社区与耕地之间的天然联系

可持续农业社区要求保留耕地以及原有社区二者之间的天然联系，即最大限度地保护和维持绿色开放性空间，以便维持自然生态过程的完整性和可持续性，以便农业社区能够为人们提供有别于城市的田园式居住环境和独特的农业景观。

生态学研究认为，天然的开放性空间当中蕴含了丰富的、多样化的生物群落，例如大量的动物和植物种群；而为大量的、丰富的自然物种提供安全庇护场所的开放性空间正是乡村与城市空间特征的主要区别之一。传统农村的居民点空间布局相对集中，通常被周边广袤的自然环境与耕地环抱，都有较为清晰的边界；除了村庄外围的大片绿色之外，村庄内部也存在很多绿色，包括院落绿化、公共绿地和街巷两侧的绿化，基本上没有越过树木高度的建筑；村庄有通向田间的步行小路，大多是沙质、土质的路面，小路两旁有低矮的灌木。

乡村开放空间的主要类型，包括社区内部绿地、耕地、水面（池塘、河流、水渠等）、林地、牧地、湿地等内容（表4-3）；而构成开放空间的绿色要素主要包括多年生的高大乔木、低矮浓密的灌木和草本植物。村庄内部与外部的开放空间由点连成线，再由线连成面，形成一个绿色的开放性网络，内外渗透，形成"无绿不成村"的空间形象；然而，比庞大的开放空间更为生动的，则是与之共融共生的鸟类、菌类以及各式各样的昆虫。开放空间在村庄的内部与外部形成一个三维空间尺度上的绿色生物链，这里的天然物种（包括植物与生物在内）具有较强的地域性，都是与生俱来的，并且在优胜劣汰的自然法则之下适应了当地的气候条件和地质条件，从而实现自然物种的多样性以及长期稳定的发展。

乡村开放空间的构成要素 表4-3

开放空间类别	构成要素	要素乡土特征	实例
农田	耕地、菜地、田埂、篱笆、分界树木	具有较强的生产性、季节性和地域性特点，田埂、篱笆、分界树木划分区域的同时增强了领域感	①
水面、湿地	河流、小溪、水渠、池塘、湿地	空间具有方向性，常见柳树、芦苇、石块等形成软堤岸，适合生物栖息	②
林地、草地	树林、杂木林、果园、山林、牧场、草场、野生灌木	植物、生物的栖息地，能够涵养水源，环抱乡村，形成视觉的稳定感	③
村庄内部绿地	院落绿化、村庄公共绿地、街巷绿化	人的尺度，具有一定的标志性、导向性，是重要的生活风景	④

资料来源：作者制表（注：实例见图4-4）

图4-4　乡土性的开放空间
图片来源：实地调研

4.2.2 可持续性

一方面，研究意在挖掘一种可持续发展的新型空间策略，该策略将农业产业当中的主要环节"生产""加工""运输"看作是一个"一体化"的无缝链接的运营体系，从而使得农产品从种植生产到加工运输的全过程足够高效，以便最大限度地减少在各个环节的传递过程中所产生的能源消耗与财富流失。另一方面，可持续农业社区追求能源使用上的自给自足，可以通过建立水资源的天然过滤与循环系统，以及充分利用场地的风能、太阳能及其他可再生能源等一系列可持续设计策略的实施，最大限度地减少社区运转过程中存在的环境污染及资源消耗；同时，可持续农业社区还将提供多样化的交通出行及运输方式，鼓励步行社区的建立，以及绿色、可持续的建筑设计方法的应用，从而降低建设行为对环境所产生的负面性压力。

上述空间策略是可持续农业社区研究的技术手段，它赋予农业社区可持续发展的外在特征，以保证社区发展同周边生态系统环境的统一和协调。

（1）发展"一体化"的可持续农业

发展可持续农业是可持续农业社区研究的核心内容，即在生产增长与土地、社区的长期经营之间达到平衡；可持续农业社区进一步提出将农作物种植、粗加工和食品加工以及交通运输等环节作为一个完整的产业体系进行空间布局，实现"一体化"的可持续农业（图4-5）。

首先，可持续农业需要水、能源、空气与土地等自然要素的悉心经营，例如可以

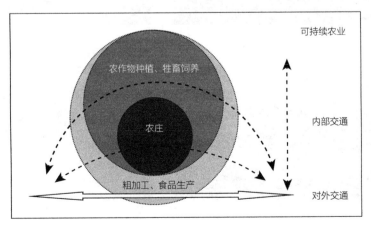

图4-5 "生产—加工—运输"一体化
图片来源：作者绘制

选择适合当地耕种条件的植物种类，尽可能做到农作物要素（包括牲畜在内）多样化，保证农业生产经济系统的稳定性；进行有效的水治理和土壤治理，最大限度地减少化学肥料的使用，同时采用天然的有机肥料（可以来源于人、畜等生活排污）以提高与保护土壤质量，使其更加有利于农作物的生长和土壤的长期利用，这对于农业社区的生态成功具有重要意义。另外，可持续农业社区特别强调耕地的尺度应达到一定的规模，中国传统农业社区由于人口众多，在耕地尺度上采用了分散化的小农经济尺度，人均一亩三分地是集体经营土地政策下的传统做法。长期的农业实践表明，传统的耕地尺度可以满足农业社区内部粮食的自给自足，但是随着农业现代化、机械化水平的提高，有限的耕地尺度对农业收益水平产生了制约，难以达到规模化、市场化、经营化的要求，因此，乡村地区在经济收益的提高方面容易出现瓶颈。

其次，可持续农业社区提出需要在农作物种植、加工、生产以及对外交通运输等各个农业环节之间建立高效的、无缝的"一体化"的农业经济运营体系；这使得农业社区能够更加市场化，并且满足整个农业操作规程的需要。更为重要的一点是，上述做法有效地避免了能源以及财富在农产品传递的过程中所造成的不必要的消耗与浪费。德国学者杜能（1892）[①]早在一个多世纪以前就已经从农业区位论的角度，注意到农业与社区之间的距离，以及农产品对外输出至区域城市的距离，同生产成本、经济收益之间存在着密切联系。当然，随着现代化运输水平的提高与改善，运输费用在农产品市场价格中所占的比例呈现出下降的趋势，但是只要存在农业生产以及面向诸如城市、集镇等集中消费市场输送农产品的情况，就会存在因距离问题而引起的生产和运输两个方面的费用差异[②]。相关研究表明，即便在交通发达、能源密集、高农作物产出的美国，一盘食物运到饭桌上平均需要1494英里的路程[③]，大量的能源浪费在粮食从田间运往餐桌的途中。受到科技水平、运输条件等因素的制约，在我国这一运输传送距离则更长；因此，建立从种植到生产加工和对外运输的紧密联系，即"就近生产，就近加工，就近运输"，形成农业产业链的一体化网络，有利于农业社区的可持续发展。

另外，可持续农业社区要求通过合理的空间安排，适当建立农产品加工与食品加

① 约翰·冯·杜能著，吴衡康译. 孤立国同农业和国民经济的关系 [M]. 北京：商务印书馆，1997.

② 郭淑敏. 都市型农业土地可持续利用问题研究——以北京市顺义区为例 [D]. 北京：中国农业大学，2004.

③ Wendy Priesnitz. Food-Miles and the Relative Climate Impacts of Food Choices in the United States [J]. Environmental Science & Technology，2008v42n10: 3508-3513——注：1英里=1609m。

工等功能区域，作为对单一农作物耕种有益补充的同时，也为社区的农民提供了更多的就业选择，增加居民经济收入。这种考虑农民的生活目标和生活方式的选择，高效率与人性化的农业经济投入，是实现可持续农业社区的一种势在必行的行业文化。

（2）在能源使用上具有一定的独立性

可持续农业社区提出最大限度地利用区域内部的可再生能源，并且通过适宜的、有效的设计和空间安排以减少能源需求，从而实现整个农业社区，包括社区建设和农业生产在内的各项能源独立的目标。

可持续设计要求规划不仅界定人类生活的边界，同时还要将社区所处场地的资源和气候等因素考虑进来。可持续农业社区对于可再生能源的利用，首先需要建立在设计人员对区域可持续系统相关信息收集工作的基础上，认真考察和评估温度、湿度、降雨降雪、地形地貌以及可再生能源（太阳能、风能、地热能等）的实际情况；而区域则是理解可持续能源利用的最佳空间尺度，主要包括空气、土地利用和地质条件三个方面的相互影响和空间联系（图4-6）。

通过搜集和建立可持续农业社区所处区域的资源信息系统，认真分析当地的资源分布以及资源的数量和质量，以便做出可再生能源的合理化配置方案，例如综合使用当地的太阳能、风能、地热能、沼气等可再生能源，从而形成可再生能源网络，并最终将其所产生的电力、热力或其他能源供给运送到农业社区生产、生活的各个环节。另外，在农业社区内部建立适合步行和自行车使用的街区，通过合理便捷的交通，联系每个邻里单元以及村庄的中心区域；同时将农业生产及其他工作场所靠近住宅设计，以缩短徒步的距离。这意味着需要在农业社区的土地利用中采用低碳和低负荷影响的设计策略，一定程度上也减少了社区运营对能源的依赖和消耗。

（3）建立多样化的循环系统

可持续农业社区要求在社区、农业、工业等多个环节建立多种循环系统，多样化的循环系统包括可持续农业社区生产、生活的各个方面。例如，珍视农业社区中的水资源，使用中水系统以支持建筑、农业或景观活动当中的非饮用水的使用，让每一滴水都能够最大化利用；在社区范围内通过垃圾的循环与再利用将垃圾对环境的负面影响降至最低，每个邻里单元需要建立便利的回收中心以促进这项活动。

但是在可持续农业社区的空间体系当中，各类循环系统的建立和运行并不单纯依靠成本高昂的高技术手段，而是更多地从自然生态学的角度出发，遵循"从哪里来到

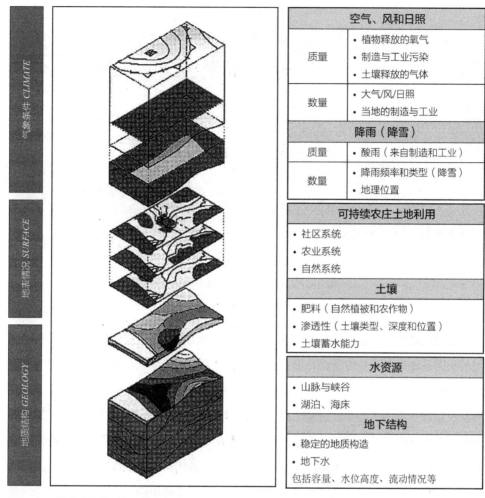

图4-6 可持续农业社区资源信息系统

图片来源：Daniel E. Williams. Sustainable Design：Ecology，Architecture, and Planning[M]．John Wiley& Sons，2007.

哪里去"的规划哲学原则，采用适宜的成本低廉的低技术手段，配合合理的空间安排来达到使资源尽量集中并高效利用，以及循环利用最大化的目的。例如，可以采用地方性透水性材料铺设路面和广场，或是通过天然湿地等自然系统进行污水过滤；另外，还可以将人类与动物的粪便通过混合堆肥技术纳入到农作物的生产之中，以改善土壤条件，避免化学肥料对土壤质量造成不可逆转的破坏。上述做法所采用的材料都是乡村生态环境系统中容易获得的物质，造价低廉且便于维护。图4-7中展示了一种利用砾石和植物的根茎进行雨水过滤的低成本生态过滤系统的工作原理，其造价比传统过滤系统的造价要低廉得多。

a. 湿地过滤作用的启示   c. 生态过滤系统

图4-7　生态过滤系统

图片来源：参考*The Integrative Design Guide to Green Building*，*P69* 相关信息绘制

　　通过低造价的生态学智慧"变废为利"是可持续农业社区规划的哲学引导思想。当前我国各地对于乡村的建设开发，大部分采用了西方工业化时期以经济模型为基础的传统开发模式，这是一个"向环境索取——粗放式使用——无顾虑排放"的单路径的线性过程，并不关心在此过程之外的自然循环过程①。从短期来看，传统开发模式的确能够收获立竿见影的经济收益，但是本研究对于这种不可逆转的线性经济发展模式持批判的态度；这是由于传统开发所产生的过度消耗和过度排放，必然导致生态系统当中的资源枯竭，温室气体浓度增加，以及空气污染的加剧，进而形成不可持续发展的恶性循环，后续的经济收益也会随之受到影响。可持续农业社区要求采用以生态模型为基础的循环开发模式，该模式与传统模式的过程正好相反，这是一个多路径的非线性过程，它包括"循环——协同——平衡"的发展过程，主张有节制地获取资源并高效利用，有限度地排放并循环再利用，进而形成可持续发展的良性循环，而由此所产生的生态效益和社会效益，也必然会显著地提高经济效益。

---

① 栗德祥，邹涛，王富平等. 面向可持续的循环型低碳发展模式规划——以大连獐子岛生态规划项目为例［A］. 天津：香港天津可持续发展建筑技术专业研讨会论文集，2009：1～12.

4.2.3 社区意义上的村落

研究着力塑造一种具有社区意义的新型村庄，明确包括居住与农田在内的区域增长边界，加强农业社区的可识别性。可持续农业社区提出可以通过一些相互毗邻的小型乡村居民点之间的联合与协作，形成一个具有集群意义的居住统一体。该统一体需要维持一个可管理的尺度，提供包括居住、教育、医疗、商业（含旅游）、娱乐文化等在内的各种公共服务设施。可持续农业社区要求在设计中充分挖掘当地自然资源、历史文化资源并结合到规划设计与建筑设计当中，以增强社区成员的地域归属感，提倡广泛的公众参与。

上述社区特征是可持续农业社区研究的重要内容，它将起到加强农业社区内部交流交往，提高空间领域感和文化内聚性的作用。

（1）提供坚实的公共服务体系

可持续农业社区要求建立起一套坚实的社区公共服务体系（图4-8），以便在保障农业社区居民的生活便利、健康，享受适当社会福利的同时，能够为当地居民提供一定数量的就业岗位。

首先，建立一个完善的教育体系，设立一定数量适合农业社区规模的幼儿园、小学、中学等必要的核心教育设施；另外还应当赋予农业人口除了核心教育需求之外的必要教育，比如建立生态性质的网站，农民可以通过互联网学习和查询相关的农业资讯，提高农业技能，以此维系可持续发展的农业。

其次，设置一定数量的地方性商业，商业规模的确定需要考虑多方面的因素，包括社区尺度、人口规模、旅游需求以及农产品的就近交易；特别指出，农产品就近交易可以采取商业零售和大型农产品集市结合的方式，吸引城市人口到当地购买，从而减少农产品在从农业社区运输到城市的过程中财富和能源的流失。

另外，公共服务体系还包括发展一套健康的医疗体系，为农业社区内部居民提供适当水平的急救与社区门诊服务，同时设计还需要考虑老年人与残疾人的特殊生活需求，如残疾人按摩等。

除上述内容之外，可持续农业社区要求提供高质量的世代生活设施，整合社区文化设施（例如图书馆、表演场地等），保留和利用开放空间以及地域旅游文化的展示设施，为当地居民和外来游客提供包括体验乡土文化，感受自然环境，以及组织体育活动和休闲享受的公共场所。

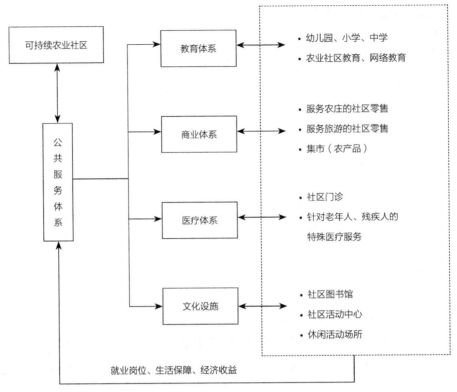

图4-8　可持续农业社区公共服务体系
图片来源：作者绘制

　　需要注意的是，可持续农业社区的设计应当认真研究提供上述功能的建筑尺度。当前常规的新农村社区规划设计普遍采取城市尺度的大型商场、购物中心、宾馆、银行以及各类消费性文化娱乐设施[①]，无形中破坏了乡村社区与周边自然环境的比例和关系，造成一定程度上的资源浪费；即建筑空间体量的设计需要在农业社区建设与原有环境之间取得协调，注重空间肌理的延续。可以预见，适当的、完善的公共服务体系的建立，必然会为可持续农业社区提供数量可观的就业岗位，特别是商品零售业以及乡村休闲旅游等服务业将形成农民重要的非农业收入来源。伴随就业岗位的增加以及经济收入的提高，能够为社区居民提供较为稳定、优越的生活环境，增强农民的地方归属感，从而有效地减少人口外流，具有十分显著的社会效益。

---

① 杨贵庆. 大城市周边地区小城镇人居环境的可持续发展 [J]. 城市规划汇刊，1997（2）：55～61.

（2）强化社区的地方性意义

可持续农业社区提出保留农业社区中原有的乡土特征、文化特征，使其成为一个具有特殊意义的场所，这就要求设计能够正确认识传统村落当中所包含的固有的社区传统。通常"社区"的概念被定义为一组相互关联的人类群体，围绕相同的人生价值，并依靠社会凝聚力被组织在一个共同分享的地理空间之内；社区形成的四大要素包括社区成员、相互影响、情感交流、整合并满足需求[①]。美国社会学家基辛认为"人类存在于地球上的99.9%的历史是以社区生活为特点的，而亲属、朋友及邻里的亲密关系又是社区社会生活的主体"[②]。社区生活的长期积累就会形成具有一定地方特性的传统和文化。

在中国传统农村社区，农民以农业为生存产业，由于机械化程度、经济文化水平以及社会政治等因素的制约，人们在长期的农业实践过程中形成了良好的劳动协作关系；其社区生活常常围绕农耕活动、宗族活动、集会活动等内容展开，具有乡土特征的人文活动相当频繁（图4-9）。例如，通常传统的农村都会定期举行宗会、庙会、集会，以加强人们之间的交流；另外，人们对于嫁娶、丧葬或其他形式的群众活动，其重视程度都远远高于城市居民。上述内容构成了农村社会丰富的人文景观，是农民地方归属感、认同感的精神来源，而这些特征在流动性极强的城市社区并不具备。因此，保护自然景观、人文景观中比较重要和独特的乡土特征，同时保留当地重要的历史性建筑与乡土性景观，也可以根据当地传统人文活动的特点，以全体居民参与的方式来制定一个统一的社区活动方案，在农业社区的公共空间中定期举行具有传统特色

图4-9　乡村人文景观
图片来源：实地调研

---

① David W. M, David M.C. Sense of Community: A Definition and Theory［J］. Journal of Community Psychology, 1986, 14（1）：6～23.

② R. M. Keesing著，甘华鸣等译. 文化·社会·个人［M］. 沈阳：辽宁人民出版社，1988.

或意义重大的社区活动，以加强农业社区成员之间的交流交往。以上做法对于强化可持续农业社区的地方性意义都将起到积极的推动作用。

（3）尊重空间的生长法则

可持续农业社区应当具有较强的可识别性，这主要依赖于当地居民以及外来人口对于社区空间形态的结构特征，以及社区与自然环境之间的相互联系等方面的理解和认知。在第3章第4节中，通过对陕西党家村与河北北鱼口村两个案例的空间句法量化分析，研究得出传统农业村落在院落住宅、街巷空间以及村落形态等不同尺度的空间层级中具有一些相似的空间组构特征，而这些特征往往与村落中实际的自然人流运动模式相互关联，是空间自组织过程中维系村落空间系统可持续发展的重要因素。

空间句法理论及其计算软件对于传统农业村落的量化研究，以拓扑学为理论基础，关注空间节点与节点之间的连接方式，关注局部与整体之间的相关程度，是对真实村落空间形态演变过程的高度简化。研究结果为可持续农业社区的设计提供了一种思路，即传统村落生长具有自发性，其自组织的机制维系了整体空间形态的统一性、有机性和可持续性，而开放性与私密性的空间功能分配恰好隐含在各个层级系统的空间组构之中。在传统村落当中，公共空间占据了系统中整合度较高的中心位置，便于人们快速地把握和理解整体空间的结构，人流更容易积聚，进而产生运动经济和乘数效应；而居住空间的拓扑深度往往较高，依据与全局整合度集成核拓扑距离的大小，形成私密程度的递增或递减，阻止外来人流对居住空间的穿越。

可持续农业社区研究提出，在设计中应当充分尊重上述量化研究所发现的诸多空间生长的自然法则，有效地利用普遍存在于传统村落空间中的组构机制，并将其转化为可持续的现代设计语言，以此强化农业社区的地方性意义，在当地居民内心形成普遍的地方认同感与归属感。这就要求设计人员在进行可持续农业社区规划设计和空间安排时，首先通过空间句法的相关计算认真分析村落空间量化的组构特征，然后根据数据和图表获取空间形态生长的规律与法则，对公共空间、交流场所等区域做出适当、合理的规划布置方案，以便空间组构能够在新的规划方案中继续发挥积极作用，获得可持续发展的空间形态，而不是割裂既有村落自下而上生长的系统结构特征。

4.3　可持续农业社区的合理规模

4.3.1　空间规模的相关讨论

凯文·林奇在《城市形态》一书中指出："极小聚落的不足，庞大聚落的混乱与压抑，以及发展与衰落的剧痛，都说明了城市系统如同一个生物体，有一个适当的规模，在这个规模上它会平稳地发展。"[①]但他也同时暗示了现代经济学中的规模效应促使了大型城市的扩展。自20世纪60年代以来，关于规模的讨论始终是空间经济学理论研究领域的重要内容之一；而"规模效应（Scale Effect）"一词正是来源于空间经济学中的规模经济（Scale Economy），即企业在自身发展的过程中，当规模扩大至一定的门槛值（Threshold）时，能够为企业带来生产集中，降低生产成本，提高生产效率，从而产生显著的经济效应[②]。规模效应是一种乘数效应，但是该效应并不是无止境地呈线性发展；受到竞争和资源等因素的限制，当企业规模达到一定的水平时，扩大的收益就会越来越小，甚至出现负效应。

空间的生长与发展同样存在着规模效应的问题，当空间系统的集聚达到一定规模的门槛值时，有利于人力和资本的集中，降低运输成本，以及吸引投资和规模经营。但是，随着空间整体规模的进一步扩大，受到环境容量、土地资源、人口密度以及中心可达性等多种因素的限制，空间系统结构内部的规模效应将趋于减小；与此同时，政府管理、居住拥挤、交通阻塞、环境污染、犯罪率增长这些负面效应也随之而来。相关学者提出了"最佳规模（Optimal Size）"的概念，即城市最佳规模是由土地租赁成本和集聚效益之间的相互关系求得[③]；从理论上来看，当集聚收益与外部成本之间的差值最大时（图4-10），空间系统将处于最优状态[④]。

尽管最佳规模理论得到了大量实证研究的支撑，但是还是有学者对其结论产生了质疑，例如最佳规模理论的模型研究多数是在新古典框架下进行，城市内部市场被假设为完全的市场竞争，城市的功能不同因而最佳规模的解也应当是不同的，可是最佳

---

① 凯文·林奇 著，林庆怡 译. 城市形态 [M]. 北京：华夏出版社，2001.

② 段进. 城市空间发展论 [M]. 南京：江苏科学技术出版社，2006.

③ William Alonso. The Economics of Urban Size [J]. Regional Science，1971（1）：67~83.

④ 最佳规模（Optimal Size），也可翻译为最优规模，指规模超过一定门槛值时，物质要素的增长反而带来集聚效应的下降，因此收益和成本之差的最大点，就是最佳规模（或最优规模）的值。

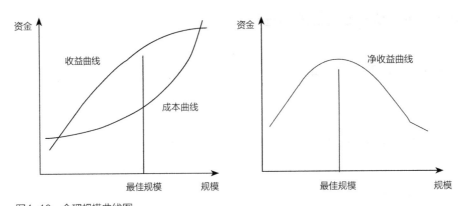

图4-10 合理规模曲线图
图片来源: 作者根据《城市可持续发展研究》一书第27页原图重新绘制[1]

规模的函数计算却指向相同的规模解, 与实际不符; 另一方面, 最佳规模理论认为规模是立地成本与效益的基本决定因素, 对城市自身功能、特征差异以及城市个体与外部环境的联系等复杂因素缺乏考虑[2]。

20世纪八九十年代以来, 有关最佳规模讨论的重心逐渐从 "成本—收益" 关系转向 "规模—环境" 关系。比较有代表性的有城市网络理论 (City Network), 该理论认为由于城市功能和专业分工的不同, 通过计量学分析的方法, 采用同一个城市生产函数曲线估计所有城市的最佳规模具有一定的局限性; 对于高等级的城市功能和网络整合, 即便是小规模的城市也可能获得规模经济[3]。该理论是对最佳规模理论的批判与改进, 研究提出 "有效规模 (Efficient City Size)" 的概念, 认为除了规模因素之外, 城市生产什么, 如何生产, 以及与外界的联系程度与合作方式, 同样将关系到空间系统的良性生长; 城市效率并不是一个以人口为基础的静态过程, 而是一个基于空间网络结构的动态变化的过程。研究将单一城市视为整个城市空间分工网络上的节点, 在不同于传统空间经济学理论的框架下, 强调城市与城市之间的网络外部效应; 每一个城市都是由物质环境、经济环境和社会环境三要素相互协作的空间综合体, 每一类环境要素的优劣都会引发收益和成本之间的关系产生变化 (表4-4)。

---

① 马忠玉. 城市可持续发展研究 [M]. 银川: 宁夏人民出版社, 2006.

② 陈卓咏. 最优城市规模理论与实证研究评述 [J]. 国际城市规划, 2008 Vol.23, No.6: 76～80.

③ Capello R., Camagni R.. Beyond Optimal City Size: An Evaluation of Alternative Urban Growth Patterns [J]. Urban Studies, 2000 (9): 1479-1497.

空间效益与负载　　　　　　　　　　　　　　　　　　　　表 4-4

要素关系 分项比较	经济环境与物质环境 的交互作用	经济环境与社会环境 的交互作用	社会环境与物质环境 的交互作用
效益	①有效地使用能源 ②有效地使用不可再生资源 ③城市环境设施使用的规模经济	①优质的住房 ②满意的工作 ③健康设施的可达性 ④教育设施的可达性 ⑤娱乐设施的可达性 ⑥广泛的社会交往	①拥有社会娱乐活动的绿地 ②绿地中的居住类设施 ③物质环境设施的可达性
负载	①自然资源的消耗 ②过度的能源使用 ③包括空气、水体在内的环境污染 ④绿地损耗 ⑤交通拥堵和噪声	①由城市高地租引起的郊区蔓延现象 ②劳动力市场产生的社会摩擦 ③城市贫穷与两极分化	①城市的健康问题 ②历史建筑的破坏 ③文化传统的遗失

资料来源：周文，彭炜剑. 最佳城市规模理论的三种研究方法 [J]. 城市问题，2007（8）：19.

从表4-4中，可以较为清晰地看出上述三要素之间的交互作用：

（1）经济环境与物质环境的交互

经济环境与物质环境二者的交互作用，通常表现为外部负效应。例如，过度的经济活动带来对物质环境的破坏，自然资源消耗、环境污染、交通拥堵、绿地损耗以及高强度的能源使用等问题随之而来。上述负面效应的起因大多是由于高密度所带来的拥挤造成的，假如将等量的经济活动分布在较大尺度范围的空间进行，一定程度上能够减轻污染的集中排放，但是对于土地、能源等自然资源的绝对消耗量却又增加了。

（2）经济环境与社会环境的交互

经济环境与社会环境二者的交互作用，既可以引发特定的外部正效应，也可以引发特定的外部负效应。正向效应主要来源于人们对工作、住房、健康、教育、文化娱乐设施等社会服务的可达性；而负向效应主要来自于由过高的城市地租价格所引起的郊区蔓延、社会隔离以及贫富差距拉大等现象，上述现象可能会引发劳动力市场摩擦以及阶层冲突等社会问题，又将反过来造成经济环境的负向效应。

（3）社会环境与物质环境的交互

社会环境与物质环境二者的交互作用，同样引发特定的外部正向效应和负向效应。例如，绿地作为物质环境中的一项资源，对于社会环境具有一定的促进作用和正向效应；而历史建筑遭到破坏，或是文化传统遗失，以及城市的健康等问题，都会引发社会环境的负面效应。

对于城市集聚经济与不经济的度量，有效规模理论的实证研究采用58个意大利城市数据（1991）进行函数拟合，在一套较为全面的城市效益和负载内容细化及测度指标的基础上，得到了城市效益与规模之间的倒U形曲线，以及城市荷载与规模之间的正U形曲线（图4-11）。

如图4-11所示，最大的城市效益发生在人口规模为36.1万人处，而最小的城市负载（即最小成本）则发生在人口规模5.5万人处。

既有研究表明，空间的规模效应与可持续发展之间并不存在永远的线性增长关系，而合理规模的确定对于空间系统的良性生长具有积极的意义。关于空间规模的大量讨论，缺少从可持续发展的角度进行研究，在过于强调经济因素的同时，忽视了自然承载力与环境容量方面的研究；城市网络理论的有效规模研究，较为全面地考虑了经济、物质、社会三个环境要素之间的相互作用，为确定可持续农业社区的合理规模指明了方向。

从可持续农业社区三个层面的含义来看，其本质上是一种需要在经济、社会、环境三个方面取得平衡的物质空间实体。可持续农业社区的身份有别于传统意义上的农村和城市，具有一定的独立性和特殊性。传统农业村落生态环境优于现代工业城市，但是由于规模大小的限制，难以形成积聚效应，经济、社会效率低下；而现代城市由于规模效应，其经济、社会水平明显高于乡村，但是在攫取城市财富的同时消耗了大量的能量与资源，给生态环境带来了巨大的负面效应。可持续农业社区要求结合二者的优势，在保持乡村自然尺度和良好环境的同时，其经济和社会水平等同于城市；通

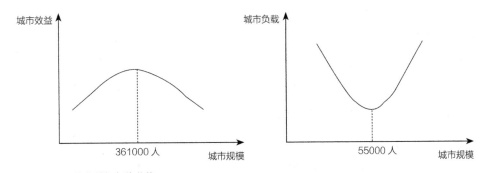

图4-11　平均收益与负载曲线

图片来源：朱玮，王德. 从"最佳规模"到"有效规模"[J]. 城市规划，2003（3）：95.

过合理设计试图增加农业区域的吸引力，以便在可持续农业社区与城市之间建立起更为有效的联系，并且形成公平竞争的前景。因此，关于合理规模的研究是建构可持续农业社区模型的核心问题。

4.3.2　规模指标与可持续发展

空间的可持续发展表现为系统内部结构的稳定、理性和有序变化，反映在空间规模的度量指标上一般分为人口规模和用地规模两个方面。

4.3.2.1　人口规模与可持续发展

人口规模是度量空间规模的核心指标，即指某一空间系统中的人口总数。该数值的大小影响着空间结构布局、土地资源利用、建筑密度、交通运输以及基础设施等各个因素。人口规模在可持续发展的系统当中，作为一项基础性指标被视为可持续战略实施的基本前提条件：首先，实现空间系统的可持续发展必须具备一定的人口规模；其次，人口总数应当与系统的环境容量和社会经济水平相适应，保持人口规模与资源供给两者之间的平衡状态，以便实现可持续发展系统的合理优化。因此，农业社区空间人口规模的度量与合理化，是可持续发展观指导并应用于设计实践的一个关键性环节。

一般情况下人口规模分析的基本方法，往往从经济、环境、空间三个角度进行讨论：

（1）经济适度人口

英国经济学家坎南在《初级政治经济学》一书中，从人口增长和最大生产率二者关系的角度分析适度人口问题，他被视为适度人口论的奠基人；坎南在研究中指出从报酬递减规律出发，适度人口就是能够获得最大收益和生产率的人口数量，适度人口必须与系统的经济发展和技术水平相一致，但不应超过该地区农业资源，以及其提供食物能力所允许的最大限度[①]。法国人口经济学家索维则在《人口通论》中考察了人口规模变动和经济进步之间的关系，建立了经济适度人口的模型，将达到最高人均生

———————
① 陈如勇. 中国适度人口研究的回顾与再认识 [J]. 中国人口·资源与环境，2000（1）：31~33.

121

活水平时的人口看作经济适度人口[①]。现代经济适度人口理论将研究领域从静态扩大到动态，而经济适度人口也常常被看作一个地区人口发展长期规划的最优指标。

（2）环境适度人口

与经济适度人口理论研究相比，环境适度人口规模的研究起步相对较晚。美国生态经济学家赫尔曼·E·戴利认为，经济增长在现实世界中会受到环境及生物物理条件的限制，生态系统内部的关联性以及相互之间的依赖性，与热力学第二定律共同构成了"增长"的生物物理基础；而增长是不能同自然法则相对抗的，人口增长与经济增长的限度，不允许超越环境的承载能力。事实上，技术征服自然的思想是人类的一种毫无道理的傲慢，不存在永远的增长，即便是现代技术给予了人类力量，并将其带到了生物界限制的临界点[②]。加勒特·哈丁提出由于承载能力的环境文化价值，适度人口和经济规模应当小于环境的可持续支持的能力，适宜的人口规模并不在于拥有多少人口，而是有多少人在多大的人均资源使用的水平上，能够持续生活多长的时间；毫无约束和限制的食物、工业、资源、污染破坏，以及人口等要素之间，存在着正向和反向的循环，将会破坏自然界的调节机制并削弱承载力的资源基础，进而威胁人类生存及后代繁衍的支撑系统，导致地球生态系统的崩溃，最终使人类落入生态的陷阱。环境适度人口理论的核心思想在于"熵"、有限性以及生态的相互依赖性三要素，是构成经济增长的限制因素，循环型经济才是实现可持续发展的关键[③]。

（3）空间适度人口

空间适度人口规模的研究以加拿大学者Arnott（1979）为代表，他认为几乎所有之前关于适度人口规模的理论都存在两个严重的缺陷：其一，它们在实质上没有加入空间的研究；其二，它们没有引入公共设施最大化的框架。Arnott的研究是建立在居住空间分布理论的基础上，并对城市适度规模的一个必要条件进行了重点研究[④]。

---

① 高建昆. 适度人口问题研究综述 [J]. 管理学刊，2010（2）：57～61.

② 李涛，岳兴懋，范例. 赫尔曼·戴利及其生态经济理论评述 [J]. 中国人口·资源与环境，2006Vol16No2：27～31.

③ 梁鸣，沈耀良. 循环经济理念的发展与实践 [J]. 华中科技大学学报（城市科学版），2004（6）：107～110.

④ 高建昆. 适度人口问题研究综述 [J]. 管理学刊，2010（2）：57～61.

上述三种研究方法，从不同的侧重角度研究了适度人口的问题，为可持续农业社区合理人口规模的确定提供了值得借鉴的研究视角。世界环境与发展委员会（WCED，1987）在《我们共同的未来》报告中指出，只有人口数量和增长率与不断变化的生态系统的生产潜力相互协调，可持续发展才有可能实现；同时报告明确强调了人口数量及增长率对于实现可持续发展的重要性①。人口规模与可持续发展二者之间存在四个要素的相互关系，这四个要素分别是经济要素、环境要素、社会要素和资源要素（图4-12）。

图4-12表明人口规模与四个要素之间的关系相互制约，既有积极的一面也有消极的一面，呈发散的风车状；其中矩形框里表示人口规模的正向作用，而五边形框里表示的是人口规模的负向作用，具体内容如下：

（1）人口规模与资源可持续利用

人口规模与资源可持续利用的协调，是实现可持续农业社区发展的基本条件和制约因素之一；而当地人口数量与资源需求量之间存在着直接的联系。

人口规模的增长对于资源可持续利用的影响，主要与人口密度有关，例如在占地面积小、人口密度大的地区，人均资源占有量小，人口规模对资源可持续利用的影响

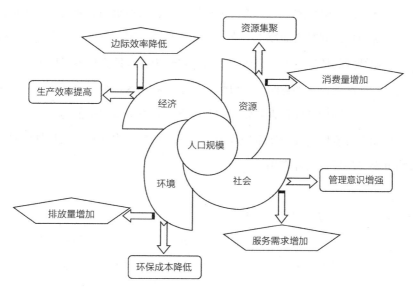

图4-12 人口规模与可持续发展要素之间的关系
图片来源：作者绘制

① 世界环境与发展委员会 著，王之佳 译. 我们共同的未来［M］. 长春：吉林人民出版社，1997.

强度就大；相反如果人均资源占有量变大，人口规模对资源可持续利用的影响强度就会减小，即通常所说的"分母效应"或"消费效应"。尤其是对于不可再生资源的利用，人口密度增大会加速资源消耗；即使对于可再生资源而言，如果人口密度过大，消耗的资源量过高而超过资源的再生能力，同样也会加速资源的枯竭，并且导致更大可能性的资源破坏。但是也应该看到当地居住群体作为消费者和生产者的双重身份；人是具有一定生产力的个体，其"生产效应"会缓解资源稀缺的速率，甚至可能抵消"消费效应"对资源产生的压力。可持续农业社区人口规模对资源可持续利用的影响，除了表现为社区人口总量的变化对资源总量消减的影响，还表现在社区人口规模受到人口消费结构、农业经济模式、农业社区资源类型和丰盛程度，以及资源分布特征等因素的制约。总体而言，可持续农业社区人口规模与资源可持续利用之间存在着一种复杂的辩证关系。

（2）人口规模与环境可持续发展

人口规模与环境可持续发展的协调，是实现可持续农业社区发展的前提条件之一；农业社区作为以农业生产为主要产业的人类聚居地，与周边自然环境的联系程度与城市相比更为密切。

人口数量的增长会导致对生产资料需求的增加，而追求高品质的生活质量也会产生大量的能源消耗，同时增加废水、废气和固体废弃物等的排放量，上述负面效应将给可持续农业社区的环境发展带来压力。当人口规模在社区人口容量阈值以下，即小于可持续农业社区的人口容量时，人口数量的增长对社区环境不会产生明显的负向作用，特别是在人口结构合理且素质较高的情况下，随着环境保护能力和污染治理水平的提高，反而有可能促使环境质量的改善。可见，可持续农业社区人口规模对社区环境的影响可能出现正负两种作用。

（3）人口规模与经济可持续发展

人口规模与经济可持续发展的协调，是实现可持续农业社区发展的基础；人口增长虽然不是经济发展的决定性因素，但是也会对经济的向前发展起到一定的延缓或促进性作用。

当区域内部资源丰富且积累充裕时，伴随可持续农业社区人口数量的增长以及劳动力人口数量的增加，社区平均劳动生产率也将得到大幅度提高，进而给社区带来更高的经济效益，即人口增长会促进经济的发展。随着人口数量的增长，当可持续农业社区的劳动力数量增加，达到边际劳动生产率与社区平均劳动生产率的交叉点时，社区经济效益最高，此时可持续农业社区的人口规模最有利于社区经济可持续发展目标的实现。但如果人口数量继续增长，边际劳动生产率将低于社区平均劳动生产率，导致经济下滑，延缓社区经济发展速度，不利于可持续农业社区经济的发展。

（4）人口规模与社会可持续发展

人口规模与社会可持续发展的协调，是实现可持续农业社区发展的根本目的；可持续农业社区的发展应当是以当地居民为中心的发展。

当地居民自身的发展，包括居住条件、经济水平、社会福利、职业规划等多个方面的发展，同时也包括为满足可持续农业社区居民自身发展所需要的各种社会条件的改善与提高。居民自身的发展是人口再生产的过程，是人口数量、素质和结构不断发展与演变的过程；各种社会条件的发展包括为满足人的生存需求和精神需求所需要的各种社会条件的发展。上述社会条件既受可持续农业社区人口规模的影响，反过来也会制约社区人口规模的发展，具体包括：社区人口受教育程度、就业者职业及年龄分布会影响可持续农业社区的贫困程度；社区人口数量的增加，会导致地区小商业服务网点的增加；而居民日均出行量的增加，或者集会活动的举行可能会引起交通拥挤；同时，社区人口数量的增加对于卫生健康事业的发展也将提出更高的要求。

综上所述，可持续农业社区人口规模与资源、环境、经济、社会等四个方面的因素之间是相互制约和影响的；合理预测可持续农业社区的人口规模，使其达到最优，对实现可持续农业社区的发展具有重要意义。

4.3.2.2　用地规模与可持续发展

用地规模是反映空间规模的另一个重要指标，即指空间所包含的土地资源总量。该指标与人口规模之间存在着高度的关联性，人均用地水平反映一个地区可持续发展的水平和能力。

（1）用地规模与现行标准

现行《城市用地分类与规划建设用地标准GB 50137—2011》中将城乡用地分为建设用地和非建设用地两类，表4-5依据土地使用的主要性质进行分类细化，表中分类显示城乡用地共分为2大类、9中类和14小类。人均所占有的各类用地的大小对于空间规模的发展以及科学合理、集约利用有限的土地资源，具有重要的指导意义。

城乡用地分类表　　　　　　　　　　　　　　　　　　　　表 4-5

大类名称	中类名称	小类名称	具体内容
建设用地 Development Land （H）	城乡居民点建设用地H1	城市建设用地 H11	居住用地R、公共管理与公共服务用地A、商业服务业设施用地B、工业用地M、物流仓储用地W、道路与交通设施用地S、公用设施用地U、绿地与广场用地G
		镇建设用地H12	镇人民政府驻地的建设用地
		乡建设用地H13	乡人民政府驻地的建设用地
		村庄建设用地H14	农村居民点的建设用地
	区域交通设施用地H2	铁路用地H21	铁路编组站、线路等用地
		公路用地H22	国道、省道、县道和乡道用地及附属设施用地
		港口用地H23	海港和河港的陆域部分，包括码头作业区、辅助生产区等用地
		机场用地H24	民用及军民合用的机场用地，包括飞行区、航站区等用地，不包括净空控制范围用地
		管道运输用地H25	运输煤炭、石油及天然气等地面管道运输用地，地下管道运输规定的地面控制范围内的用地应按其地面实际用途归类
	区域公用设施用地H3		为区域服务的公用设施用地，包括区域性能源设施、水工设施、通信设施、广播电视设施、殡葬设施、环卫设施、排水设施等用地
	特殊性质用地H4	军事用地H41	专门用于军事目的的设施用地，不包括部队家属生活区和军民共用设施等用地
		安保用地H42	监狱、拘留所、劳改场所和安全保卫设施等用地，不包括公安局用地
	采矿用地H5		采矿、采石、采砂、盐田、砖瓦窑等地面生产用地及尾矿堆放地
	其他建设用地H9		除以上之外的建设用地，包括边境口岸和风景名胜区、森林公园等管理及服务设施等用地
非建设用地 Non-development Land （E）	水域E1	自然水域E11	河流、湖泊、滩涂、冰川及永久积雪
		水库E12	人工拦截汇集而成的总库容不小于10万立方米的水库正常蓄水位岸线所围成的水面
		坑塘沟渠E13	蓄水量小于10万立方米的坑塘水面和人工修建用于引、排、灌的渠道
	农林用地E2		耕地、园地、林地、牧草地、设施农用地、田坎、农村道路等用地
	其他非建设用地E9		空闲地、盐碱地、沼泽地、沙地、裸地以及不用于畜牧业的草地等用地

资料来源：中华人民共和国住房和城乡建设部. 城市用地分类与规划建设用地标准GB 50137—2011［S］. 北京：中国建筑工业出版社，2011.

城市化的本质是对土地等自然资源和社会资源的利用方式从粗放型转向集约型，再从低级的集约化程度向高级发展的过程。由于土地具有不可再生和不可移动的特性，因而土地资源是城市发展过程中最为基本的资产和资源。有研究表明，我国城市现状实际人均用地基本上控制在100m²/人以下，其中人口规模大于20万的城市，人均用地基本上控制在65～85m²/人，小于20万人的城市，人均建设用地水平则偏高[①]；可见，人均用地水平与人口规模等级之间呈反比，规模等级越高，用地水平越集约，符合城市集聚效应的客观规律。

然而，当前我国普遍进行的城市化，对于土地资源的利用多是采取城市从内向外"摊大饼"的方式，其实质是城市发展对于乡村资源的一种掠夺。建设用地规模失控成为地方城市化过程中一个严重的问题，不加分析占用耕地，将卖地作为吸引投资、增加地方财政收入的主要手段，"以地生财"的片面思想普遍存在；还有一些地区超越自身资源条件和经济水平，盲目建设巨型行政中心、中央商务区、大广场和宽马路……以上做法严重偏离了可持续发展的核心思想和原则，为土地资源的集约利用带来了阻碍和破坏。

由于现代理论研究对于城市空间的偏好，而对于以农业为主要经济产业的乡村地区，有关用地规模和人均用地水平的研究则相对较少，有价值的结论也更为鲜见。可持续农业社区与普通城市和乡村地区相比，具有一定的特殊性，其定义决定了社区用地需要包括农业社区居民点的建设用地（含居住用地、商业服务、工业仓储、道路交通、绿化广场等用地），以及耕地、水域等非建设用地两个大类。在确定可持续农业社区合理用地规模的时候，其首要任务是应当充分考虑可持续农业活动的特征和需求，例如农业适度规模经营的问题，适宜耕作半径的问题，农产品种植和加工的关系问题，对外交通运输的问题；其次，还要考虑社区内部的居民点与其自服务体系的关系，社区自身与外部城市空间网络的关系，以及可持续农业社区建设用地与耕地、自然环境等外部生态系统之间的关系等一系列的问题。

（2）用地规模与环境容量

用地规模的确定应符合当地经济、社会以及环境三个方面的实际情况和发展要求，有效地控制分散建设和无序发展。现代城市研究借鉴环境学中的基本原理，提出了"城市环境容量"的概念。"环境容量"一词起源于生态学研究，即指某一生态系

---

① 马忠玉. 城市可持续发展研究［M］. 银川：宁夏人民出版社，2006.

统内部能够为某种动物所提供的生存能力。城市环境容量包括自然环境容量和人工环境容量两部分内容，具体而言是指城市对于各种城市活动要素的最大容纳能力[①]；其概念要求在一定地域范围之内，以及特定经济水平、技术条件和安全卫生等要求下，以满足生产、社会等各项活动的正常进行为前提，通过城市经济、社会、自然、文化、历史等因素的共同作用，对空间的用地规模和人口规模提出一定的承受限度和发展容量，即"阈值"。只有当空间发展处于阈值以下的时候，人们在城市中的各项活动才能得到保障，空间系统自身才能健康、持续地运转和发展。特别需要指出的是，与自然环境容量难以改变的特征相比，人工环境容量具有一定程度的可变性，但是人工环境容量（例如道路交通、市政公用设施等方面）的增加往往是以高昂的资金投入和运行成本为前提的，并且其能力扩展在时间方面也具有一定的滞后性。

城市环境容量的制约因素主要包括当地自然条件、城市现状条件、经济技术条件和历史文化条件四个方面。其中，自然条件是最基本的因素，是城市产生、生存、发展的基础，包括地质条件、地形地貌、水文条件、气候条件、矿藏和生物条件的状况和特征，不同的自然条件影响了城市空间的功能组织、发展潜力和外部环境，例如水资源的枯竭会导致城市的衰亡。另外，现状条件是重要的前提因素，城市各项物质要素的构成现状表明城市"供给"的基本能力，对于空间发展和人的活动都有一定的容许限度，例如现状条件中基础设施、公共服务设施是社会物质生产和其他人类活动的基础，例如交通运输、通信服务、供水排水等内容。而经济技术条件与改造城市环境的能力呈正相关，历史文化条件对于环境容量的影响也随着人们的文化保护意识的提高而增强。

对于可持续农业社区来说，制约其环境容量的自然条件较多，主要是用地条件和用水条件。土地容量是指在一定时间段和工程技术条件下，区域内部所能提供的用地总量。可持续农业社区合理用地规模的确定，除了考虑实际土地供给的可能性，还需要综合考虑区域内部农业用地的产出能力，以及必要的林业或生态用地等多种因素。在合理的环境容量范围之内，可持续农业社区用地规模受到空间形态结构的影响较大；因此对于空间形态结构的合理规划，能够获得更加紧凑、适度的发展规模。可持续农业社区要求对土地资源的利用从低级转向高级，从简单利用土地的物质生产功能转向综合利用土地的服务功能，其本身就是一种可持续发展的进步；通过土地利用形

[①] 周密，王华东，张义生. 环境容量 [M]. 长春：东北师范大学出版社，1987.

式上的改善与提高，进而促进社区土地利用的经济效益、社会效益和生态效益等方面的提高。同时可持续农业社区合理用地规模的确定，对于实现集约化、多维化的空间结构和用地结构，实现社区用地规模的可持续增长具有积极的意义。

（3）用地规模与空间测度

空间用地规模在合理的环境容量之下，一定程度上会受到空间结构和空间形态等因素的影响；而紧凑的、合理的空间结构和形态，反过来能够促进空间系统的可持续发展。一般情况下，对于空间结构而言，用地规模将直接影响到系统的集聚程度和扩散程度的强与弱，即规模越大，集聚程度和扩散程度也就越强；反过来，规模越小，集聚程度和扩散程度也就越弱[①]。用地规模与空间测度的指标存在一定的相关性，具体包括空间形态、距离、可达性、中心性、集聚性。

其中，空间形态是指用地在平面空间上所呈现出的几何形状，该指标与用地的集中程度有关。一般情况下，用地的集中倾向于在一个封闭的地理范围之内，形成具有一定规则的形态，例如圆形或者矩形；而用地的分散则较容易形成不规则的形态，有时还将导致区域分化、多样化和多核心的形成。对于空间形态的测度，用地总量的面积和周长是空间二维平面形态的基本测度单位；而外围轮廓形态的紧凑度指数通常被认为是反映空间形态特征的重要概念之一，其计算公式表达为：

$$c = 2\sqrt{\pi A}\,/\,P \qquad\qquad （公式4-1）$$

公式中 c 为用地的紧凑度指数，A 为用地面积，P 为用地轮廓的周长。紧凑度指数 c 的值域在 0~1 的区间，其值越大且越接近于 1，则形状的紧凑性越高；反过来，其值越小且越接近于 0，则形状的紧凑性越差[②]。一般研究认为，在诸多形状当中，圆形的紧凑度最高，其值为 1；而如果是狭长的图形，紧凑度较低，其值远远小于 1。

另外，距离作为空间测度的指标，与用地规模之间呈正相关。距离可以包括米制距离、拓扑距离、时间距离等不同类别；但无论是哪一种距离，其单位距离所对应的价格都是形成空间分界点的重要因素之一。通常距离被看作是空间内部克服商务贸易、交通运输和通信信息等障碍的代名词，诸多经济方面的问题可以通过改善距离，进而实现便捷的空间协作。

---

① 顾朝林. 集聚与扩散——城市空间结构新论 [M]. 南京：东南大学出版社，2000.

② 王新生，刘级远，庄大方，王黎明. 中国特大城市空间形态变化的时空特征 [J]. 地理学报，2005（5）：392~400.

其他与用地规模相关的空间测度指标还包括可达性，即人的活动，通常包括经济和社会两个方面，其存在的前提条件在于个体集聚进而形成群集，这一过程的形成依赖于交通、通信和信息的可达性；中心性则是与边缘性相对的概念，一般情况下在用地范围内，地理中心的形成往往与经济、社会、政治、文化活动相联系，而边缘区位由于与中心联系欠紧密或者不紧密，因此居住密度较低，文化和基础设施短缺，从而导致交际费用的不经济；集聚性则是与空间规模效应普遍联系的一个概念，常常包含在经济利益的问题之中。

4.3.3　可持续农业社区合理规模综合分析

可持续农业社区作为一种以农业为主导产业的新型社区空间形态，综合分析并确定其合理规模是课题研究进一步深入的必要前提。首先，可持续农业社区的建立要求结合城市与乡村二者的优势，在维系乡村良好的自然尺度和生态环境的同时，经济水平和社会水平等同于城市；这就要求通过确定社区的合理规模，使其作为一个独立于传统城市和乡村的特殊的物质空间实体，能够自我调节、循环和生长，最终在经济、社会、环境三个方面取得稳态的平衡。其次，可持续农业社区的建立试图增强以农业为主导产业的区域吸引力，通过积累经济和社会财富以稳定农业社区的人口基数，同时将吸引城市人口到农业社区旅游观光，甚至就业和定居变为一种可能，使得农业社区与城市之间形成公平竞争的前景。通过前面4.2.1、4.2.2、4.2.3节有关农业社区基本内涵的研究分析，以及4.3.1、4.3.2节既有空间规模的相关讨论，可以明确可持续农业社区合理规模的确定，应当包括人口规模和用地规模两个方面的内容，而这两个方面又互为前提、相互制约，需要全面、综合性的研究分析。

4.3.3.1　耕作半径与合理规模

农业形态是可持续农业社区的首要内涵，因此农业社区居民点与耕地之间的联系尤为密切。与工业和服务业相比，农业对于自然资源和气候条件的依赖性相对较高；特别是对土地资源的利用，是一切农业生产活动得以开展的前提条件。农业居民点的产生先于城市，是农民生产生活的主要场所；而作为生产资料的土地要素，则是农民生产劳动的对象；由于农业活动自身的典型特征，要求居民点与耕地之间保持较为密切的联系，方便农民耕种作业。因此，农民在从事实际农业生产时，常常需要频繁地往来于住所与耕地之间，这就提出了"耕作半径"的概念。耕作半径通常是指从农业居民点中心至农耕作业区边缘的空间距离或半径[①]；该指标也可以通过时间距离或半径来表示，即指农民通过步行或驾乘农用运输工具的方式，到达农耕作业区所消耗的时间的长短。通常情况下，通行方式、交通条件和地形地貌等因素都会对耕作半径的大小产生一定的影响。

在对陕西党家村和河北北鱼口村两处传统农业村落的实地调研过程中发现，超过69%的农民认为将耕作路程用时控制在15分钟以内，是比较合理且可以接受的。目前，农民去往田间地头的主要通行方式包括步行、骑自行车和电动车，三种方式加和后均可占到当地各自总通行方式的90%以上；与其他通行方式相比，上述主要通行方式便捷程度高，通行成本低，适合于农耕作业频繁往来的活动特征（表4-6）。而在其他通行方式中以农用电动三轮车的使用居多，拖拉机由于使用成本高以及体形较大的原因，只有在需要机械化作业的时候才会使用；马车是传统的农业通行方式，但由于牲畜饲养成本较高和机械化程度提高等因素，该方式逐渐被淘汰，其使用比例逐渐减少；另外机动车辆由于购置和维护成本相对高昂等原因，因此在两地主要还是用来社交或运输，并未在农业活动中采用。

耕作半径与制约因素　　　　　　　　　　表4-6

排序	交通工具	通行方式				合理耕作半径（km）	其他因素
		所占比例（%）		一般速度（km/h）	15min 内路程（km）		
		党家村	北鱼口				
1	步行	54	35	4~7	1~1.75	1.5	两地对外交通条件相当，但村庄内部，党家村街道因历史形成原因较窄，路面为卵石铺装，地势有起伏，因而各种通行方式的耕作半径均小于地处平原地区的北鱼口村，且前者步行比例较高
2	自行车	24	31	12~20	3~5	3.5	
3	电动车或摩托车	17	25	15~30	3.75~7.5	5	
4	其他方式	5	9			10（潜在）	
		注：（1）其他方式包括农用电动三轮车、普通农用三轮车、拖拉机、马车、机动车辆等；其中农用电动三轮和普通农用三轮使用较多，拖拉机机械化作业时使用，而马车方式基本被淘汰，机动车辆仍未在农业活动中使用。（2）该项半径确定为潜在合理耕作半径，即城镇化程度较高或成熟水平下，机动汽车普及带来的耕作半径扩大					

资料来源：根据调研数据整理，作者制表

[①] 角媛梅，胡文英，速少华 等. 哀牢山区哈尼聚落空间格局与耕作半径研究 [J]. 资源科学，2006（5）：66~72.

表4-6数据显示，传统的步行通行方式其耕作半径一般在1~1.75公里之间，合理耕作半径约为1.5公里；而骑自行车、电动车或摩托车的通行方式可以将耕作半径扩大到3~7.5公里，合理半径约为3.5~5公里。其他通行方式中以农用电动三轮车、拖拉机等为主，代表了现阶段农用工具的普及化和机械化方向；尽管由于购置成本、使用成本以及方便程度等原因，目前该部分所占比例较小，但是机械化农具具有降低劳动强度，缩短耕作时间半径等优势，因而可以认为机械化农具的使用为现代化农业耕作半径的扩大提供了潜在可能，潜在耕作半径为10公里左右。需要注意的是，交通条件和地形地貌对耕作半径也会产生一定程度的影响；实地调研结果发现，两处村庄样本的对外交通条件基本相当，但是村庄内部存在历史形成以及地形地貌等条件的差异，例如，党家村整体街巷较窄且有地势起伏，路面为卵石铺装，因此村民步行耕作的比例较高，占到了一半以上；而北鱼口村由于地势平坦，各种通行方式所对应的耕作半径均大于党家村。

综上所述，可持续农业社区的合理耕作半径确定为1.5~5.0公里的范围区间，其潜在耕作半径为10.0公里。一般研究认为，耕作半径的大小取决于用地面积的大小和形式[①]，且耕作半径与用地规模之间存在着正相关性，即耕作半径的增大可带来相应规模的增大。在4.3.2.2节的研究中，已知圆形是最集中、最紧凑的空间形态，因此可以采用圆形平面作为可持续农业社区简化的空间模型，并在合理耕作半径与用地规模（或用地面积）之间建立起关系函数（图4-13）。根据圆形面积公式$A=\pi r^2$可以得出，当合理的耕作半径为1.5~5.0公里时，可持续农业社区用地规模应大致控制在706~7850公顷之间。合理的耕作半径有助于农民降低劳动强度，提高单位耕地面积的产出以及生产效率，对于综合分析可持续农业社区的合理规模具有积极的意义。

4.3.3.2 适度人口与合理规模

可持续农业社区合理规模的确定，一方面需要满足农业生产规模经营的要求，使粮食种植、农产品加工、食品加工、交通运输等一系列相关的农业经济产业链条能够有效地链接，并且健康地运营，进而在社区内部形成规模效应；另一方面需要保证农业社区居民的居住环境、社会水平和生活便利程度能够达到一个理想的状态，例如配置相应的公共设施、市政基础设施以及教育、医疗、商业、娱乐等服务设施，使之达

① 汪晓敏，汪庆玲. 现代村镇规划与建筑设计 [M]. 南京：东南大学出版社，2007.

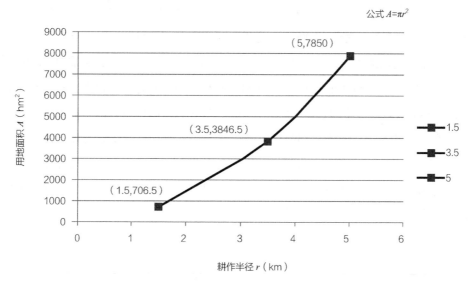

公式 $A=\pi r^2$

图4-13　农业社区耕作半径与用地规模函数曲线

图片来源：作者绘制

到最佳的运营效益。上述两个目标的实现，要求可持续农业社区合理规模的分析，应当以农业及其相关产业链的经济可持续作为研究切入点，同时兼顾社会可持续和环境可持续。

实际上，可持续农业社区是以农业及其相关产业链为基础的经济增长中心，其合理规模的确定对于激发可持续农业社区的运营效率具有积极的意义。美国经济学家福克斯在研究中指出，人口规模低于5万人的城镇，其经济腹地面积才能够覆盖到农业地区[①]；这一观点将小型城镇看作城市网络体系的末端，是人们认识城市网络空间结构的传统逻辑。可持续农业社区的设计思路与此相反，它将农业区域作为周边区域的中心点和吸引点；其规模和结构相当于小城镇，因此在讨论农业社区合理规模时，借鉴既有小城镇合理规模的研究成果是切实可行的。

20世纪30年代，德国地理学家克里斯泰勒在假定理想、均值的条件下，提出了"中心地理论"，即城镇的吸引范围为正六边形，相同等级的城镇之间相互竞争、相互依赖。20世纪50年代，希腊规划学家道·萨迪亚斯借鉴中心地理论的研究成果，提

---

① 张俊良，彭艳. 我国小城镇人口规模问题研究 [J]. 农村经济，2006（9）：102～104.
　经济腹地，即指经济中心的吸引力和辐射力均能够到达，进而产生影响并促进其经济发展的区域，而经济腹地是经济中心存在的基础，没有了腹地也就没有了所谓的中心。

出了关于"集镇—村落"系统的六边形模式，六个村落围绕一个集镇分布，村与镇的距离约为5公里，人口规模约7000人；道氏在研究中发现，15种不同等级的人类聚居单元，其前后之间的单元人口规模存在一定的对数关系。国内方面，陈秉钊（2001）结合上海城镇体系进行实证研究[①]，提出城镇规模等级之间存在人口规模的"五倍原则"，根据倍数原则集镇的人口规模应为7500～8000人。将陈秉钊的"倍数原则说"与道氏的"人类聚居学"中不同等级空间单元的相关数据进行横向比较（表4-7），结果表明二者具有一致性。杨贵庆（2006）在上述研究的基础上从行政管理、工程技术、市场经营、社会心理等角度综合考虑，提出了标准社区合理规模为40000～50000人[②]。

"人类聚居学"与"倍数原则说"数据对比　　　　　　　　表4-7

等级序号	道氏人类聚居单元				陈秉钊城镇规模等级		
	名称	人口规模	对数值	倍数关系	名称	人口规模	倍数关系
1	邻里	1500	1.000		中心村	1500	
2	集镇	7000	0.952	1：5.55	集镇	7500～8000	1：5
3	城镇	50000	1.000	1：6	中心镇	40000	1：5

资料来源：杨贵庆. 社区人口合理规模的理论假说［J］. 城市规划，2006（12）：52.

俞燕山（2000）选取国内1034个建制镇的抽样调查资料，利用熵—DEA方法建立城镇规模效率模型，选取人均投资额（万元/人）、就业人口比重（%）、人均用地（百m²/人）、人均总收入（万元/人）、百元固定资产（利税/元）、百元固定资产收入（百元）以及土地产出率（百元/m²）等7个指标进行有效性测度和比较，定量研究表明小城镇的经济效益伴随人口规模的增长呈上升趋势，特别是当人口规模超过5万人后，经济效益明显提高；而对于人口规模低于3万人的小城镇，其投资收益较差，公共设施的利用率相对较低[③]。李晓燕，谢长青（2009）考虑城镇收益、政府成本、居民成本、人口规模4个变量建立成本收益视角的计量经济模型，分析了国内30个不同省市建制镇的人口规模与经济水平之间的关联演变，研究得出结论，当人口规模达到

① 陈秉钊. 上海郊区小城镇人居环境可持续发展研究［M］. 北京：科学出版社，2001.

② 杨贵庆. 社区人口合理规模的理论假说［J］. 城市规划，2006（12）：49～56.

③ 俞燕山. 我国城镇的合理规模及其效率研究［J］. 经济地理，2000（3）：84～89.

51607人时，净收益值达到最大，而后趋于减少[①]。

　　究竟拥有多少居住人口才是可持续农业社区这一新型社区聚居层面的合理规模，实现兼顾农业社区经济、社会、环境三个层面可持续发展的需求？通常情况下，适度的人口规模应当符合以下两点要求，其一是保证区域行动能够形成一定的规模效应，其二是保证区域成员间具有一定的亲和力。可持续农业社区适度人口规模的确定，以上述既有相关合理规模的研究为依据，建立农业社区人口规模分析的二维坐标系（图4-14），并结合4.3.1节中关于成本与负载最小的空间人口规模为5.5万人这一重要结论，最终确定可持续农业社区的适度人口在3万~5.5万人这一合理区间。其中，考虑到社区内部的农业规模经济、管理运营成本、社区邻里交往以及各种公共服务设施的有效利用等综合性因素，研究提出3万人是可持续农业社区规模的门槛值，低于这一数值，社区运营的经济效率偏低，无法与相邻城市形成平等的竞争关系；而当人口规模高于5.5万人时，社区社会和环境的成本与负载就会增加，其内部结构在经济、社会、环境三个方面的平衡状态受到干扰，不利于可持续农业社区整体系统的发展。

4.3.3.3　社区构成与适宜密度
　　可持续农业社区是在各向均质的理想条件下，提出的一种新型农业社区的物质空间载体，它关注经济、社会、环境等多个维度的内容，在人居环境中的职能与城市互

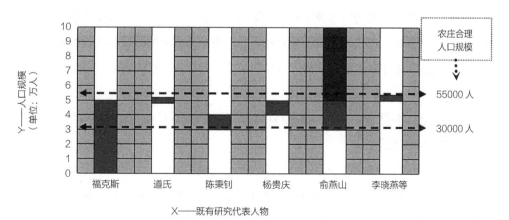

图4-14　基于既有研究的农业社区人口规模分析
图片来源：作者绘制

[①] 李晓燕，谢长青. 基于成本收益视角的小城镇人口规模实证研究 [J]. 上海财经大学学报, 2009
　　（4）：84~89.

补且地位平等。研究打破了现代人居理论研究的关注焦点从城市到农村、由里及表的传统思路，试图通过实施强力有效的规划策略以增强农业区域的吸引力，实现真正意义上的"城乡一体化"，是一种从农村到城市、由表及里的创新性规划设计思路。

可持续农业社区要求以农业及其相关产业链（包括粮食生产、食品加工、交通运输）为首要产业，适当发展生态农业观光旅游；同时还要满足农业社区系统内部的各项公共服务和居民生活需要，使其能够长期、健康、有效地持续运转。因此，可持续农业社区的发展，要求第一产业、第二产业和第三产业的各项职能可以相互依存并协同互补，使得社区各类公共服务设施在空间结构中形成合理有效的配置，以便组成一个完整、有机的人类聚居环境系统。可持续农业社区的适度人口规模除了必要的农业人口、农产品加工从业人口，还需要包括学校、医院、商业、邮电、银行和文化娱乐等服务业组成的第三产业，上述人口的合理分布才能形成一个相对完整、独立的社区，适当确定社区的空间构成，对于可持续农业社区设计具有积极的指导意义。

现阶段，由于可持续农业社区的研究刚刚起步，仅建立了相应的理论框架，国内外还没有典型的可持续农业社区案例可供追踪、观察；因此，研究可以参考国外发达国家已有的成熟、独立的小型城镇社区人口构成以供借鉴。例如，在土地资源相对宽松的美国，社区作为城镇空间规划结构的一个单元，平均每个社区大致包含1万户基本家庭单元，按照每户家庭平均3.6人进行计算，社区人口规模约为3.6万人左右；作为城镇型社区，其内部要求设立相应的幼儿园、小学、初中、高中、教堂、医院、图书馆、购物中心、游戏场所以及工业用地等具体内容。对于土地资源比较紧张的国家来说，社区居住单元的人口规模则相对较大，以便获得紧凑的居住模式，而同等数量的公共设施在服务半径不变的前提下可以服务更多的社区人口，进而取得更加优化的经济收益。

综上所述，并结合4.3.3.1、4.3.3.2节内容，研究提出可持续农业社区的空间简化模型，如图4-15所示。

（1）从整体空间的角度来看，可持续农业社区模型以圆形为平面形态，代表了高度的用地集中化和结构紧凑性；整个农业社区平面半径根据实际调研所得的耕作半径为依据进行确定，其大小为3.5～5.0公里的区间。

（2）农业社区中心是一个标准的步行社区，以圆形为平面，按照成人步行平均速度6km/h计算，10分钟内的步行距离为1公里，则可以确定农业社区中心用地半径R为0.5公里，这一点与新城市主义的观点基本一致。农业社区中心规划安置主要的商业服务、政府管理、文化娱乐、工厂等设施，以及高密度的居住区，可容纳

15000～25000人口。

（3）农业社区中心连接6个均质农业组团，每个组团规划人口3000～5000人[①]；每一个标准组团的空间形态，同样以圆形为平面，内部以步行为主，且组团半径与农业社区中心相同。各个组团内部包含服务于组团的便利商业、地方门诊、基础学校设施以及相应的户外休闲空间。组团中心点与农业社区中心点的联系距离为1.0～1.75公里，大致为步行15分钟的距离半径。

（4）耕地围绕农业社区中心和农业组团外围分布，形成一个自然尺度的、开放的、连续的生态网络，耕地边缘与居民点之间的距离维持在现有合理的耕作半径范围之内。

（5）另外，在实际规划设计操作过程中，我国农村居民点现状分布由于地理条件、历史形成、基础设施等因素的影响，常见有散点式、线状式和集中式三种布局；而可持续农业社区的形成是以现有村庄为基础的填充式开发，根据不同现状布局的特点，研究提出了可持续农业社区的三种开发应对模式，如图4-15所示，不同的开发应对模式在具体操作过程中具有一定的弹性，避免大拆大建现象的发生，对保留原有村庄与自然环境的和谐关系起到了积极的引导性作用。

总之，可持续农业社区构成及其合理规模的确定，有助于形成适宜的居住密度，维系最佳的生态结构系统，满足当地人们居住的社会心理以及邻里友好交往的需求；同时还便于将整个社区的空间规模控制在便于管理的地域尺度范围之内，突出其系统内部各部分之间的功能结构协调性、合理性等方面的要求。

环境心理学的观点认为人们在社会心理方面，对于居住人口密度的承受能力存在一个合理的范围，如果超过这一范围，人们会产生拥挤感，而低于这一范围，人们则会产生孤独感。由同济大学建筑与城市规划学院（2000）主持编写的《城市居住小区规划设计细则》研究报告中明确指出，过高的人口密度会降低人们居住环境的整体质量，使得人们产生拥挤的不良感受；而过低的人口密度不利于邻里之间的交流交往，可能导致人们孤独心理的产生，同时不利于土地资源的集约利用。该研究报告还同时

[①] 每个农业组团3000～5000人的确定，是依据俞燕山（2000）《我国城镇的合理规模及其效率研究》一文中关于不同规模等级空间有效性比较的相关结论，研究指出3000～5000人的空间效率较高，优于＜3000人、5000～10000人、10000～30000人三种情况，仅次于人口规模大于30000人时的有效性。

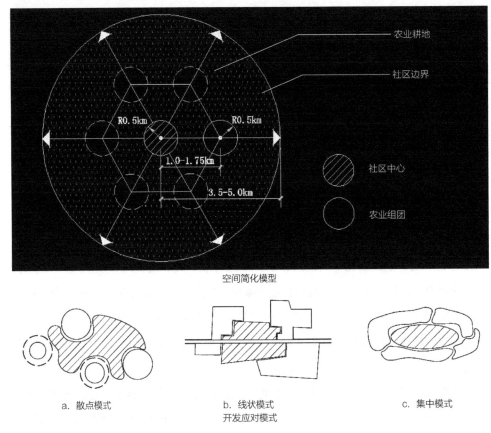

空间简化模型

a. 散点模式   b. 线状模式
开发应对模式   c. 集中模式

图4-15 可持续农业社区模型示意图
图片来源：作者绘制

指出，城市型社区适宜的人口居住密度应控制在每公顷300～800人的区间①。从可持续农业社区的空间构成来看（图4-15），理想的社区居民点共分为社区中心和农业组团两种类型，其中社区中心部分用地面积为78.5公顷，规划人口15000～25000人，居住密度经计算约为191～319人/公顷，与城市型社区人口居住密度的要求相符，容易形成集聚效应；而农业组团部分用地面积共计471公顷，规划人口18000～30000人，居住密度约为39～64人/公顷，远低于城市型社区的人口居住密度，有利于农业活动的开展以及小尺度空间的维系与保留。

本书第2章的相关理论研究指出，霍华德的田园城市、赖特的广亩城市以及新城市主义的相关研究形成了可持续农业社区的理论基础，从三个既有理论的模型可以推

---

① 杨贵庆. 社区人口合理规模的理论假说 [J]. 城市规划，2006（12）：49～56.

导出各个理论模型所对应的人口密度，对于农业社区合理人口密度的确定具有重要的
参考意义；另外在第3章中国传统农村两个案例的实地调研中，研究还得到传统农业
村落的人口密度数值。将上述相关数据与可持续农业社区适宜密度进行横向比较，详
见表4-8，可以得出结论：可持续农业社区的居民点用地面积总量约为550公顷，平
均人口密度在55～100人/公顷之间。

　　该数据表明可持续农业社区的平均人口居住密度与中国传统农业村落的人口居住
密度基本一致，同时是介于广亩城市的低密度形态与新城市主义的高密度形态之间的
一种折中的空间范式。另外可持续农业社区中心部分单纯的城市职能，以及农业组团
部分的乡村形态，都为可持续农业社区适宜人口密度的分布和形成提供了较大的弹性
空间；便于第一产业、第二产业和第三产业的从业人口能够根据社区自身经济、社
会、环境三个维度的发展状况，及时、适时地做出内部调整，为从业人员在不同产业
之间流动提供有益的可能性。

适宜人口密度对比 表 4-8

有关理论或实例	不包含耕地（人/公顷）	包含耕地（人/公顷）
田园城市	200～225	13
广亩城市	56	7
新城市主义	99	城市形态，无耕地
可持续农业社区	55～100	14
北鱼口	75	7
党家村	109	9

资料来源：作者制表

　　尽管根据当前的农业生产力现状和既有理论研究的基础，笔者能够从农业社区规模
经济以及人口居住密度舒适性的角度，提出可持续农业社区合理规模的范围，包括人口
规模和用地规模两个方面；但是，如果要从严格意义上给出一个具体的可持续农业社区
的合理规模，就会变得十分困难，这是因为合理规模在不同的可持续农业社区之间存在
不同的尺度，例如不同的农业社区会因为农作物种植的具体品种，以及工业发展程度
和旅游开发程度等因素的不同而存在一定的差别。另外社区的合理规模具有多元性，
它依附于当地居民的居住模式和生活空间，具有明确的空间层次感和地方归属感。因
此上述可持续农业社区合理规模的确定在设计时应作为引导性指标，实际规模的确定
还应当根据项目设计背景资料和现场探勘资料进行细致深入的探讨、分析和研究。

本章小结

当前关于可持续设计研究首要关注的问题仍然停留在城市的内部层面，这就忽略了一个关于可持续发展的最为重要的话题——粮食生产。如果规划设计过程当中，始终缺少将一套有效的、一体化的可持续粮食生产系统组织到城市结构当中的重要环节，一个巨大的障碍就会存在于人类聚居地可持续发展的进程之中，即大量的能源浪费在粮食从田间运往餐桌的途中。因此，研究提出"可持续农业社区"（Sustainable Agricultural Community）的概念，其主要经济以可持续农业以及粮食生产加工为中心，适当发展生态农业观光旅游，通过发展具有卫星城镇意义的可持续农业社区所组成的城市外部区域网络，试图增强农业区域的吸引力并且在乡村与城市之间建立起更为有效的联系。

可持续农业社区的研究认为，城市设计中加入粮食生产环节方面的考虑，是实现可持续城镇化的关键步骤；重视以农业为主导产业的村落可持续形态方面的研究，以期真正形成一套系统的城乡一体化的整体环境研究方法。

本章从可持续农业社区的规划哲学、研究内容的三层含义以及可持续农业社区合理规模研究这三个方面，分析了可持续农业社区这一新型农业社区的空间形态和构成；研究提出了可持续农业社区的空间简化模型以及三种具体的开发应对模式，较为充分地论证了可持续农业社区设计和实施的可行性。

可持续农业社区研究的最终目的，在于通过一定规模的集聚效应和适宜性规划设计策略，实现以下几个方面的目标：

（1）发展一套成体系的可持续农业生产战略以提高农业生产以及食品加工效率，不仅满足当地社区的自身需要，还为周边主要城市区域提供新鲜的食物来源；

（2）传承传统农业文化的精髓，在人与自然之间形成和谐共存的关系；

（3）根据地方特点建立农业经济的补充产业，例如社区商业、食品加工产业、乡村生态旅游产业，以便增加农民经济收入；

（4）将吸引城市人口到可持续农业社区旅游、定居甚至就业变为一种可能，同时为城市居民的生活方式提供更多有益的选择；

（5）稳定农村人口基数，防止农民向城市盲目转移，同时为乡村积累财富，使之与城市之间形成公平竞争和积极的经济前景。

第 5 章

理想与行动：可持续
农业社区设计实践

通过对可持续农业社区模型的建构，研究表明实现可持续
农业社区设计的整体目标，需要将社区各部分之间作为一个整体
系统进行研究，而不是将各个功能破碎化。可持续农业社区的具
体实施，需要投入一系列具有创新精神的、可持续的规划设计策
略，上述策略包括社会、生态以及经济等多种维度。目前，国
内、国外并没有相关的成熟理论和实践案例，Mark A. Hoistad
教授在河北保定大汲店的生态农庄项目，是一次大胆的、有益的
尝试；尽管在研究过程中，还存在设计缺少深化和论证不足等问
题，但是研究中所传递出的关于可持续话题的探讨，为课题今后
的研究指明了前进方向。

5.1 设计内容、原则与目标

5.1.1 可持续农业社区设计的内容

可持续农业社区作为一个独立的、整体的物质空间系统，其设计要求社区的主要经济模式以可持续农业为中心，适当发展与之相关的多样化经济产业链，例如粮食加工、食品制造、农产品贸易、交通运输以及生态农业观光旅游等内容。传统的乡村与城市之间存在着一种"弱效联系"的关系模式，除了新鲜粮食、蔬菜等供给系统的内部流通之外，在两者之间几乎就没有什么其他的联系存在了。可持续农业社区试图在乡村与城市之间建立起更为有效的、可持续发展的"强效联系"，实现真正意义上的"城乡一体化"[①]；通过发展具有一定数量、规模的可持续农业社区，进而组成城市外部的区域网络，并且通过一系列适宜规划设计策略的实施建立起稳定富足的农业社区经济，以增强农业社区的吸引力，同时强化农业社区可持续性的一面。可持续农业社区设计的主要内容如图5-1所示，主要包括浅层结构和深层结构两个方面：

（1）浅层结构由可持续农业社区的空间形态和道路交通两个要素组成，是社区整体系统结构功能的外化；

（2）深层结构则由经济要素、社会要素、环境要素三个维度构成，是可持续农业社区整体系统结构平衡的内显。

上述五个要素共同构成了可持续农业社区设计的主要内容，而各个要素之间又存在一种相互作用、相互制约的交叉关系：

（1）深层结构要素的交叉关系

在可持续农业社区深层结构的层面上，经济要素与社会要素之间存在着交叉关系，经济要素是构成社区深层要素的基础，设计要求通过可持续的农业活动以积累财富，实现社区社会要素的配置。

经济要素与环境要素之间存在交叉关系，经济的增长应当是适度的，而不是毫无

---

① "城乡一体化"的基本概念是指伴随生产力的发展，进而促进城乡居民生产方式、生活方式以及居住方式发生转变的过程；城乡一体化要求城乡人口、资源、技术、资本等要素的融合，各种要素之间互为资源和市场，相互服务，逐步实现城市和乡村之间在经济、社会、文化、生态等方面协调发展的过程。注释来源于http://www.baidu.com

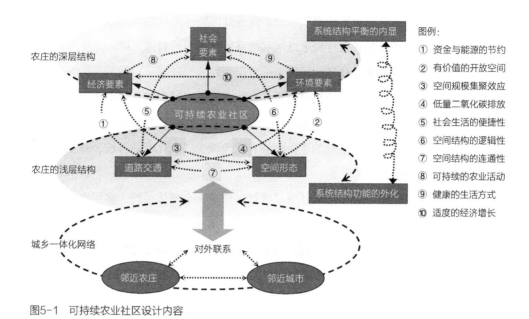

图5-1 可持续农业社区设计内容
图片来源：作者绘制

限制的，农业活动及其相关产业的经济活动应控制在可持续农业社区可允许的环境承载能力范围之内，即良性的经济增长受到环境容量因素的制约。

社会要素与环境要素之间同样存在交叉关系，可持续农业社区居民的居住模式、出行方式以及对环境资源的综合利用同样受到环境容量的制约和影响，而可持续的、健康的生活方式有利于环境要素的合理配置，同时有利于强化可持续农业社区系统生态性的一面，为社区居民提供良好的人居环境。

（2）浅层结构要素的交叉关系

在可持续农业社区浅层结构的层面上，空间形态要素与道路交通要素之间存在着交叉关系，道路系统的连通性一定程度上反映了空间系统各个节点之间的联系程度。

（3）不同层次结构要素的交叉

作为浅层结构，空间形态与道路交通是可持续农业社区深层结构要素的外在形式。

首先，空间形态体现了可持续农业社区社会要素的功能构成以及经济要素的集聚效应；借助空间句法理论及其相关软件的计算，可以对可持续农业社区空间结构设计逻辑的合理性进行量化和检验，在尊重原有空间系统自组织机制的原则下，实现空间经济要素和社会要素合理配置的乘数效应，促进社区整体系统的可持续生长。同时，可持续农业社区的环境要素设计要求继承和维系传统乡村的自然尺度，开放空间的合理规划与设计能够加强农业社区空间形态的可识别性。

其次，道路交通要素的合理规划与设计，一方面可以减少粮食运输和交通成本以及能源损耗，另一方面可以有效地提高可持续农业社区居民社会生活的便捷程度；同时，农业社区内部步行空间系统的建立能够有效地减少二氧化碳的排放，对于环境要素具有积极的促进作用。

综上所述，可持续农业社区设计要求将社区作为一个整体系统，多层次、多方位地进行统筹考虑，而不是将其各个要素从系统中剥离或者破碎化；可持续农业社区设计还要求同时兼顾相邻农业社区之间，以及农业社区与相邻城市之间的协作与互补关系，实现真正意义上的城乡统一。

5.1.2　设计原则与整体目标

可持续农业社区设计要求以农业社区的物质空间系统为研究对象，一方面要求在浅层结构上强化社区农业化、生态化的外部形象，使之明显区别于传统的城市或乡村；而另一方面则要求在深层结构上实现农业社区经济、社会、环境等要素的合理配置和动态平衡。这就要求设计人员在设计时，投入一系列具有创新精神的、可持续的规划和技术策略，通过策略的实施来实现社区结构系统良性增长的整体性目标。

可持续农业社区设计的基本原则包括以下四个方面：

（1）经济性原则

社区的农业经济活动和代谢过程是可持续农业社区发展和增长的活力与命脉，也是社区规划设计的物质性基础；因此，可持续农业社区设计应当促进经济的发展和循环，体现经济增长的目标，而不是抑制生产。

（2）社会性原则

社区的社会活动与文化观念是维系可持续农业社区系统内部平衡与稳定的重要因素，该原则存在的理论前提在于可持续农业社区是一个独立的人类聚居场所；规划设计要求能够为当地居民提供一整套完善的公共服务体系，实现社会稳定的目标。

（3）生态性原则

自然环境是可持续农业社区赖以生存的基础，同时也是限制其过度增长和发展的主要因素；因此，在可持续农业社区设计时应当对农业社区的自然环境资源进行细致的调研和分析，进而提出维护环境要素多样性、复杂性以及可再生能力的方案。

（4）系统性原则

与传统的城市和乡村相比，可持续农业社区是空间网络中一个特殊的生产综合体，其各个结构要素是社区内部相互联系的基本单元，综合地考虑社区内部要素的合理配置，同时将农业社区系统与其周边相邻区域（包括其他农业社区和相邻城市）视为一个有机的整体，这是实现可持续农业社区系统稳定的重要原则。

可持续农业社区设计的整体性目标在于通过规划设计的方法，实现一个包括城市与乡村在内的整体环境系统的可持续发展。该设计模式通过加强城市与可持续农业社区之间的相互联系，就近建立食品加工和市场等手段来减少农产品在运输过程中的能源和财富流失；其核心思想在于保持乡村自然尺度和良好环境的同时，为乡村积累财富，使其经济和社会水平等同于城市，进而稳定农村人口基数，避免城市化过程中大量农民从农村向城市的盲目转移。可持续农业社区设计要求以保护耕地和水资源为前提，最大限度地减少城市化扩张带给农业及环境的破坏。通过相关研究，以期为我国当前正在大规模进行的社会主义新农村建设实践提供有益的思路和借鉴，避免新农村建设再走只关注经济效益，而忽视社会与环境效益的"投资建设"的老路。

5.2　案例研究：以保定大汲店项目为例

关于可持续农业社区，目前国内、国外并没有成熟的案例以供参考。河北省保定市大汲店生态农业社区项目是可持续农业社区设计实践的一次有益的、大胆的尝试；该项目由美国内布拉斯加州立大学建筑学院教授Mark A. Hoistad主持，天津大学刘丛红教授绿色建筑工作室协助完成。

5.2.1 项目前期调研

（1）区位分析

项目选址总体上位于河北省保定市的西南侧，其范围包括以历史文化村落"大汲店"为起点，向西辐射约5公里半径范围内的农业区域（图5-2）。

• **自然条件**——保定市位于河北省的中西部，地处太行山北部东麓，冀中平原西部，北纬38° 10′～40° 00′，东经113° 40′～116° 20′之间；该市北邻北京市和张家口市，东接廊坊市和沧州市，南与石家庄市和衡水市相连，西部与山西省接壤。全市地势由西北向东南倾斜，地貌基本分为西部山区和东部平原两大类；西部属太行山脉，东部属华北平原。

在气候条件方面，保定市处于温带大陆性季风气候区，四季分明，日照条件良好，冬季寒冷干旱少雨雪，夏季炎热多雨，秋季天高气爽，春季干旱多风沙；多年平均气温11.6℃，最高气温出现在7月份，最低气温出现在1月份，平原地区无霜期为

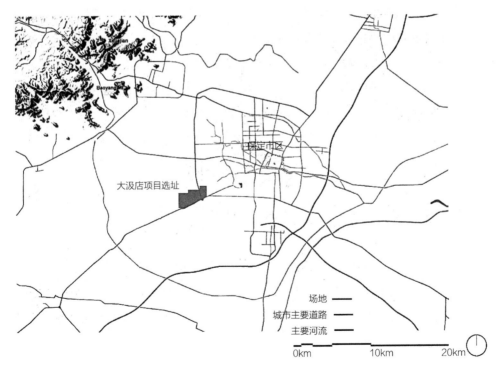

图5-2 项目区位分析
图片来源：项目设计资料

165～200天。全市多年平均降水量566.9mm[①]，降水量的80%左右集中在汛期，即6月至9月份之间。

· 资源条件——在水资源方面，保定市境内河流主要属海河流域大清河水系，分为南北两支，呈扇形分布。府河、清水河等七条河流途经该市，历史上便有"水之占城十之四，渊锦舒徐，青绿弥望"的描述；然而由于气候和历史条件等因素，诗句中所描述的宜人美景，多年来只能在史书中呈现，"有河皆干，有水皆污"成为近年来区域内部河流发展的现状。

针对水资源匮乏、空间分布不均等问题，保定市于2008年启动实施了当地的"大水系工程"，该工程以构建生态景观以及河流还清为最终目标，采取"西水东调"的方法，将西大洋水库、王快水库两大水源的利用重新规划，"引水入市"的同时穿过府河，最终流入白洋淀。该工程计划总投资达到37.5亿元，共包括水源工程、雨污分流、防洪整治、景观工程四个部分；整个工程完工后，预计在正常年份可从王快水库向西大洋水库调水总量约两亿立方米。同时，保定市还将沟通市区内部现有沟渠，对既有水系进行生态系统的修复以及重建，大汲店也被纳入水系工程当中；预计通过规划，逐步形成"两环四廊、五湖十园、青绿交映、水城一体"的城市空间格局，展现出独特的北方水网城市风光。

在土地资源方面，保定市土地资源丰富，但空间分布不均，东部以耕地为主，而西部以林地、草地为主；而大汲店则位于耕地资源较为丰富的平原地区，农业生产条件良好。另外保定市矿产资源较为丰富，生物资源种类较多，旅游资源特色突出，如人工湿地白洋淀等。

· 城市文化与收入水平——在城市文化方面，保定市拥有良好的可持续发展的城市文化基础，该地区的太阳能利用以及风电、光伏发电等产业规模突出，拥有良好的可再生能源基础。保定市是中国内地首个官方宣布加入WWF发起的"地球一小时"全球关灯活动的城市；也是世界自然基金会"中国低碳城市发展项目"首批两个试点城市之一，以及中国八个低碳试点城市之一，在十佳创建低碳城市中位居第二。在收入水平方面，保定市2010年城市居民人均可支配收入15046元，农民人均纯收入5103元。

---

① 董娜，程伍群，白永兵，张战晓. 保定市城市雨水利用的潜力与环境影响［J］. 安徽农业科学，2007Vol35No31：10018～10019.

（2）现状分析

保定大汲店生态农业社区项目基地内部情况如图5-3所示，其具体范围是以历史文化村落——大汲店村为规划起点，向西辐射大约5公里半径范围内的农业区域；整个基地内部包含了大量农业耕地以及若干现状村落，村落由西向东分别为汤村、郭村、西阎童村、东阎童村、南阎童村、后高庄村和大汲店村。

经实地调研，研究获得当地现状人口规模及用地规模情况，如表5-1所示。

现状人口及用地规模调查表　　　　　　　　　　　表5-1

编号	村庄名称	总户数（户）	总人口数（人）	居民点面积（ha）	耕地面积	总用地面积（ha）
1	汤村	约800	3300人	72.0	30000亩（约2000ha）	约2800
2	郭村	约1100	4400人	160.3		
3	西阎童村	约600	2444人	46.0		
4	东阎童村	约350	1400人	28.9		
5	南阎童村	约480	2100人	31.2		
6	后高庄村	约710	3000人	43.0		
7	大汲店村	约800	3314人	94.6		
共计	农业社区内部		约20000人	476		

资料来源：实地调研

表5-1调研统计数据表明，项目包含农业居民点和耕地在内，规划总用地约为2800公顷；其中现状居民点用地规模共计476公顷，现状人口规模约2万人。规划总用地中还包括耕地面积约2000公顷（合计为30000亩），以及包含水域、道路、地方工业等内容的其他用地面积约324公顷。

图5-3显示，项目基地内部对外交通相对便利，其间有保定市西三环路穿过，与南侧107国道垂直相交；另外，基地西侧有一条货运铁路线从用地的西北角向东南方向切入，至项目规划用地的南侧边界之后，同京广铁路线汇合，且与107国道平行并向东延伸。

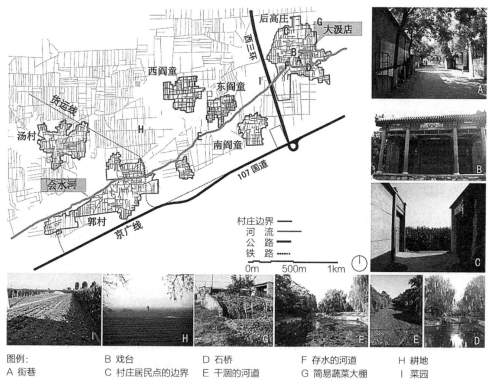

图例：
A 街巷　　　　　B 戏台　　　　　D 石桥　　　　　F 存水的河道　　　H 耕地
　　　　　　　　C 村庄居民点的边界　E 干涸的河道　　G 简易蔬菜大棚　　I 菜园

图5-3　项目现状分析
图片来源：项目设计资料

在自然条件方面，项目选址同保定市一致，场地内部气候四季分明，夏季炎热多雨，冬季寒冷干燥，属于北方传统的农业耕作区，日照及风力资源条件良好；场地内部地势平坦，农业耕作条件良好，包含了一条横贯东西的河道——会水河，但现状河流基本干涸，河床内长满地方性植物，局部河段有蓄水。

从整体来看，作为历史文化村落的大汲店位于场地的最东部，与后高庄村连为一个自然村，两村之间通过一条街道划分行政范围。大汲店村在历史上曾有"通衢巨镇"的美誉，村庄三面环水，河道上保留了若干不同形式的石桥；村庄内部较为完好地保存了多处清代历史性建筑，如大汲店戏楼、娘娘庙、兴国寺遗址等。其中，大汲店戏楼位于村内东西大街中段的北侧，该建筑坐南朝北，高高的戏台基座采用巨型石材砌筑，前明后暗、前低后高、前窄后宽，呈品字形结构；古香古色的戏楼展现出典型的清代建筑风格，戏台正中高悬着"盛世元音"匾额一块，与后楼东西两侧墙壁上镶嵌着的"古今通鉴，风雅遗音"八个大字相映生辉。同时，古戏楼与东侧村委会以及北侧坐北朝南的娘娘庙三者一起围合，形成了村庄中心一个小型的活动场地。

5.2.2　总体目标、存在问题及规划思路

（1）总体目标

保定大汲店生态农庄项目，作为一项国内、外学生交流的实践课程，其规划的总体目标在于根据前期调研以及场地内部的具体情况进行具体分析，通过投入一系列具有创新精神的、可持续的规划设计策略，最终建立起一个具有一定积聚规模的、联合意义的可持续农业社区。

项目研究提出城市设计在关注城市形态的同时，应当加强以农业为主导产业的村落可持续形态方面的研究，真正形成一套系统的、城乡一体化的整体环境研究方法。总体上，大汲店生态农庄项目在保定城市区域网络当中，扮演了类似于卫星城镇的角色；其首要经济以农业种植及食品加工为主要支撑，兼顾发展生态农业旅游、社区商业及各类服务业。项目当前居民点建设用地为476公顷，现状人口约2万人，整合后居民点建设用地为742公顷，计划安置人口5万人；其增加的人口部分主要依赖食品加工、社区服务、农业观光等方式得以实现。规划目标人口将最终能够支撑起一个包含了教育、文化、医疗、小商业等功能在内的基础公共服务设施网络，使其在社区范围内得以健康、长期、可持续地运转。

（2）存在问题

然而，通过对基地的现场调研和深入分析，研究发现实现项目的总体目标存在以下三个方面的主要障碍：

首先，可持续农业社区要求以社区为居住的空间载体，加强居民点之间的相互协作，进而形成一个统一的整体。调研结果表明，尽管基地内部既有村庄居民点与周边自然环境、农田保持了较为和谐的尺度关系，且具有较强的可达性，但是由于上述村庄总体上呈线性分布，地理位置较为分散，村庄与村庄之间被自然环境和农田分隔，因而各居民点之间的联系相对较弱，难以形成联合社区的概念；同时现状村落自下而上形成，村民主要依靠血缘和地缘的结合来维系村庄整体，存在人口密度较低、土地使用与交通出行方式单一等问题。这就要求设计应从场地自身的历史、自然、文化资源入手，寻求规划的地方性、整体感和多样性，而不是简单、机械地模仿城市形态。

其次，可持续农业社区要求以农业为主导性产业，为自身和周边城市提供一个稳定的、新鲜的食品来源；同时要求提高自身的经济水平，使其能够获得稳定的人口基数，形成与城市平等的未来前景。通过调研发现该区域同中国其他农村一样有着相似

的尴尬境遇，如果农民单凭农业收入，其家庭人均纯收入在5000~6000元之间，而保定城市居民人均可支配收入大约为15000元，二者形成鲜明的对照；其客观原因在于传统农业的土地附加值远低于工业，农村推力加上城市引力促使当地20~40岁之间的青壮年劳动力外流，更谈不上吸引人才，不利于区域的可持续发展。因而，打破单一的以农作物种植为主的传统农业操作模式，加入食品加工、高附加值的设施农业以及交通运输等环节，同时发展农业观光旅游，形成一条多样化的农业经济产业链，是解决问题的途径之一。

另外，可持续农业社区还要求强化区域生态性的一面，同时限制增长边界，避免建设的无序发展；而现状村落缺乏统一规划，现状村庄伴随宅基地的增加不断外扩，无序蔓延的现象较为严重。当地住宅以北方院落式民居为主要居住形式，排水排污等基础设施相对落后，生活污水未经净化处理便直接向街道排放，对环境造成一定的影响与压力；生活垃圾大多堆放在居民点边缘，影响了村庄与耕地、自然环境之间的和谐关系。

总之，想要解决上述问题，需要在项目研究中投入一系列具有创新精神的规划设计策略，而这些策略包括社会、生态以及经济等多种维度。

（3）规划思路

其规划设计思路具体如下：

首先，项目研究拟在一种较为理想的、均质的条件下，将包括大汲店在内的几个既有村落及其周边农田进行整合；在保留原有村落空间形态的基础上，进行"填充式"开发，该开发模式要求在既有村庄之间适当增加建设区域，以作为可持续农业社区整体空间系统连接整合的重要手段之一。

其次，由于是填充式发展，能够相对容易地在新建区域和既有区域之间，建立起空间肌理和历史文脉之间的相互联系；最大限度地保留耕地，建立完善的农业经济产业链，强化社区的农业形态。

另外，原有的区域仍然维持低密度的居住区，被农田环绕，保持原有传统农业社区的尺度特征；而新增加的建设用地将适当增加人口密度，同时作为可持续农业社区的核心区域，提供社区管理、社区商业、文化和娱乐设施等公共服务设施，容纳安置高密度的居住区以及一个以农业为产业链的工业区域。

最后，整个可持续农业社区通过一条主要的规划道路被串联起来，建立起一个具有联合意义的新型农业社区；该社区的建立采取一系列创新性的、地方性的、适宜的规划设计方法，以强调社区可持续发展的一面。

特别需要指出的一点是，由于考虑到大汲店村自身的文化特征和历史价值，项目研究在规划构思时，特意保留了该村空间形态的独立性和完整性，仅仅通过道路交通在大汲店与可持续农业社区的其他区域之间建立空间连接；作为具有特殊地域感、归属感的空间场所，大汲店将为整个可持续农业社区以及周边城市的居民，提供生态农业和历史文化等方面的旅游服务。

5.2.3　可持续农业社区模型的建立

5.2.3.1　实施方法与适宜技术

（1）加强既有河流作用，使分散村落统一化

拟解决的问题：现状若干村落所包含的居民点相对分散，各部分之间缺少一种文化意义上的地域联系，难以形成联合社区的概念。

解决手段：将已经存在的河流"会水河"作为场地中的一个生成要素，使其起到统一与强化村落结构的作用。沿河道两侧设置慢行交通系统（如便道、亲水平台、自行车道），配合设置一至二层的小型商业建筑，提高河道两侧场地的使用率（图5-4），并结合原有会水河道的自然形态，在其两侧形成具有缓冲作用的社区公园，同邻里周边的大片耕地形成整体式的开放空间。历史上，大汲店正是因其在河道交通中的贸易交换点作用，获得了"通衢巨镇"的美誉；因而通过加强既有河流作用的方式统一分散的村落成为设计的最佳选择，更容易获得当地居民的心理认同感与归属感。

通过实地调研证明这一想法的实现具有可行性，目前大汲店已被纳入保定总体规划的"大水系"计划当中，其上游未来将有西大洋水库与王快水库两个源头"西水东调"，共同支撑场地内的会水河段供水，这使得现状几乎干涸的河道重新蓄水并恢复生机成为可能。

（2）建立生态过滤系统，实现水的循环利用

拟解决的问题：现状村落居民点由传统街巷组成，其主要居住形式为院落式住宅，排水排污等基础设施相对落后，更谈不上生活污水或自然雨水的净化与处理，对环境造成一定的影响与压力。

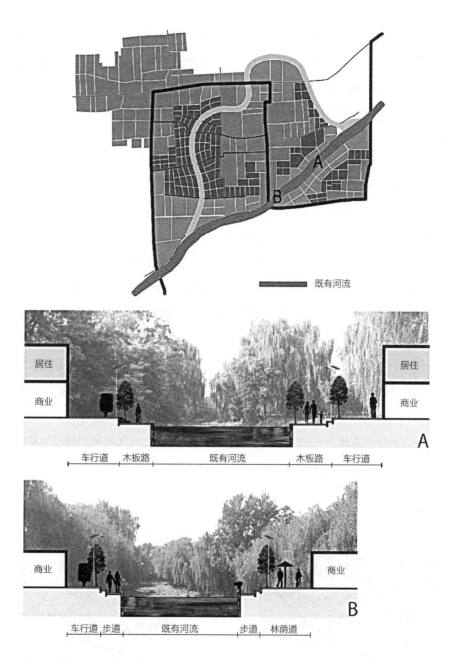

图5-4　既有河流改造示意
图片来源：项目设计资料

解决手段：在新增加的建设用地范围内，结合原有自然村的建设肌理，建立起
一套完整的具有水质净化功能的生态过滤体系；该系统设计包括一条生态河流（Bio-
Stream）以及若干与其垂直相交的生态洼地（Bio-Swale）系统，通过表面设置植物与

卵石过滤层等技术策略实现水质的自然物理净化[1]（图5-5～图5-7）。生活污水或自然雨水可以通过家庭排水排污进入到街道，再由街道排入生态洼地进行首次过滤，然后由生态洼地排入生态河流进行二次过滤，最后经由生态河流排入主河道。该体系的建立在降低水治理成本的同时，可以避免化学净化带来的环境污染，同时实现水资源的有效再利用。

（3）明确增长边界，强化农业社区可识别性

拟解决的问题：建立一个具有联合意义的可持续农业社区需要限定明确的增长边界，避免建设的无序蔓延，同时使其成为可识别性较强的区域。

解决手段：场地现状南侧存在较为明确的边界，即107国道以及京广铁路并行，形成一道清晰的轨迹作为可持续农业社区南侧的增长边界；而场地北部边界则较为模糊，项目采用将若干小型风力发电装置呈线性布置的方式，来确立与加强北部边界（图5-8）。保定当地良好的风力资源为规划设计提供了可行性条件；另外，与通过道路限定区域边界的传统规划设计手法相比，风力发电装置的设立被认为是对天然农田破坏程度最小的生态做法，同时风力发电所产生的可再生能源不仅能够服务农业生产，还能与植物沼气等能源形成可再生能源网络，通过合理安排能源传输路线来反哺社区。这一策略的实施为可持续农业社区提供一个可视化的区域象征符号与精明增长边界，以此来强化项目生态性的一面。

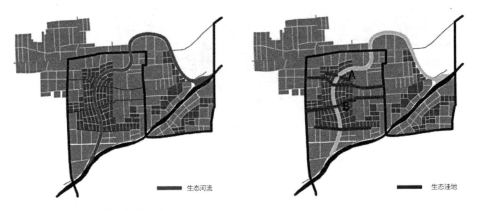

图5-5　生态过滤系统局部平面图

---

[1] Robert L. France. Handbook of Water Sensitive Planning and Design [M]. New Jersey: CRC Press. 2002：263～296.

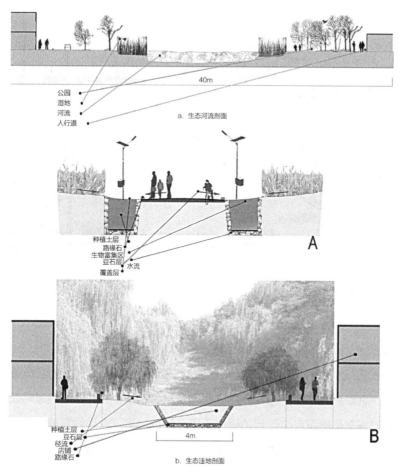

公园
湿地
河流
人行道

40m

a. 生态河流剖面

A

种植土层
路缘石
生物富集区
豆石层　水流
覆盖层

B

种植土层
豆石层
径流
店铺
路缘石

4m

b. 生态洼地剖面

图5-6　生态过滤系统剖面图

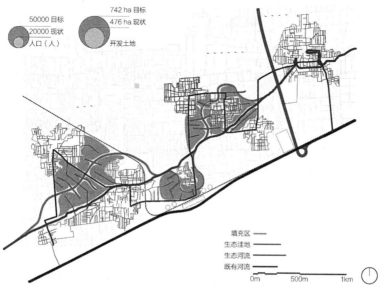

50000 目标
20000 现状
人口（人）

742 ha 目标
476 ha 现状
开发土地

填充区
生态洼地
生态河流
既有河流

0m　　500m　　1km

图5-7　生态过滤系统总平面

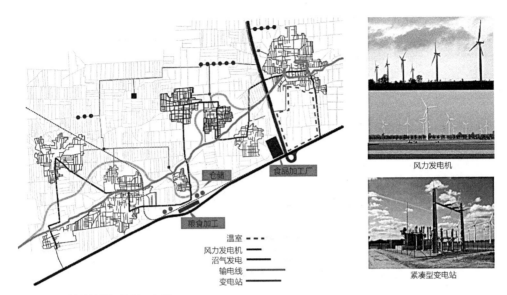

图5-8　可持续的增长边界示意图
图片来源：项目设计资料

（4）遵循就近原则，实现农业高效链接

拟解决的问题：传统的农业操作模式主要存在两个问题：其一，耕地相对分散化，耕种规模过小，难以适应市场化经营并形成经济的规模效益；其二，往往忽略农产品在流通过程中的资金与能源流失。相关研究表明在能源密集、农作物高效产出的美国，一盘食物从田间运到饭桌上平均需要2400~4000公里的路程；而在能源相对贫乏，农作物低效产出的中国，这种距离浪费的现象则更加严重。

解决手段：规划设计拟建立一个完善的"农作物种植——食品加工——交通运输"一体化网络，以弥补传统农业操作模式中存在的低能效缺口。首先，该网络的建立依赖在规划中加入农作物仓储、粮食生产加工等环节的考虑，紧邻田间就近安排（图5-9），同时耕地采用适合市场化、商业化经营的尺度以便使农业经营形成一定规模；这种生产、加工双线并进的空间安排策略，为当地农民增加了工业收入并提供大量的就业岗位。其次，规划拟建的两处生产加工场地均靠近对外交通，加工好的农产品可以通过南部边界的107国道以及京广铁路，快速运送至目标城市；采用高效的多样化的交通运输方式，不仅缩短了食品从田间到城市的运输距离，还减少了流通传递过程中不必要的能源与资金消耗。

（5）提供多样性设计，创建可持续社区

拟解决的问题：同其他传统农业社区一样，现状村落自下而上形成，村民主要依

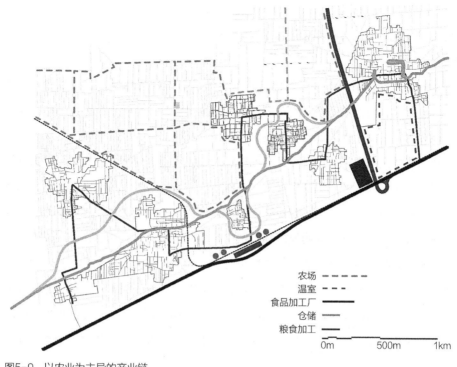

农场 --------
温室 - - - -
食品加工厂 ━━━━
仓储 ━━━━
粮食加工 ━━━━

0m   500m   1km

图5-9 以农业为主导的产业链
图片来源：项目设计资料

靠血缘和地缘的结合来维系村庄整体，存在人口密度较低，土地使用功能单一，以及交通出行方式受到局限等常见问题的困扰，这将造成当地居民与周边区域，特别是城市核心区域之间缺乏联系的问题。

解决手段：维基百科指出"从哲学的观点来看，对于人类社会来说生物多样性具有内在的审美和精神价值"[①]，因而密度和功能的多样化是提升可持续农业社区活力的有效途径。在社区规划中倡导多样性设计也是新城市主义的主要观点，是现代城市设计的趋势之一。

首先，方案沿新增加区域结合生态过滤系统设置高密度的居民点，主要为从事农业旅游经营的家庭以及一部分从事服务业与工业劳动的居民提供居住场所；其次，在原有村庄范围内设置低密度的居民点，以安置现状人口并满足后期人口的增长；另外，结合主要规划道路与既有河流适当设置高密度的商业区域，以小商业经营为主，

---

① http://en.wikipedia.org/wiki/Density

为整个社区以及外来旅游人口提供便利服务；最后，在实现聚居区域人口密度与土地使用多样化的同时，保留既有农田作为开放空间以此来控制社区建设的无序蔓延（图5-10）。

此外，多样化的设计还包括以步行为主的慢行交通系统，以此来获得"环境友好、人车共享"的乡村道路空间；以及建立包括学校、社区门诊、小商业、社区文化等功能在内的全面完善的基础服务设施网络，以支持社区的健康运转。

在上述案例当中，项目研究针对可持续农业社区基地现状进行调研，根据具体情况制定了"填充式"的空间开发模式，该模式被认为是对原有村庄空间肌理破坏程度最低的选择。尽管有关可持续农业社区的研究，目前还处于规划设想的阶段，但其中所表达的设计方法和理念却明显区别于国内当前社会主义新农村建设中"大拆大建"的普遍做法。项目研究期望通过加强城市与农业社区之间的相互联系，就近建立食品加工和市场等手段来减少农产品在运输过程中的能源和财富流失；可持续农业社区的建立以保护耕地和水资源为前提，最大限度地减少城市化扩张带给农业及环境的破坏。该研究从关注城市核心外部的农业区域入手，将城市与乡村作为一个整体环境进

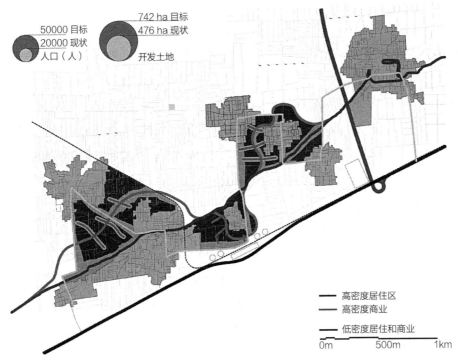

图5-10 人口密度与土地使用的多样化设计
图片来源：项目设计资料

行研究，要求给予城市外部空间与城市核心区域同等的重视；其核心思想在于保持乡村自然尺度和良好环境的同时，为乡村积累财富，使其经济和社会水平等同于城市，而传统设计常常将城市核心外部的区域看作是经济欠发达的。

5.2.3.2　可持续形态与空间校验

但是研究中还遗留了一个问题，即填充式的开发模式，其首要的出发点是不破坏普遍存在于传统村落形态中的空间自组织机制为前提。如何判断新增加的建设区域能够延续原有村庄的空间肌理，使其结构不受破坏，甚至与之融合迸发出新的活力？这就需要借助空间句法理论及其相关软件对规划方案进行校验。

在第3章3.4节中，研究借助空间句法理论及其相关软件的分析和计算，得出传统村落作为农业社会生活的空间载体，与当地居民的日常活动之间存在着内在联系这一重要结论；并且存在于传统村落空间中的自组织机制，对于村庄的长期、稳定、可持续发展起到了重要的调节作用。本小节的研究主要采用轴线图的分析方法，这是因为对于可持续农业社区来说，街道是人们体验空间系统的主要方式，也是农业社区内部空间结构与内生秩序形成的重要元素，而轴线可以看作是街道网络的高度抽象。

研究步骤具体如下：

（1）整合度计算与前期调研

通过Depthmap软件对现状村落进行整合度计算；由于组构机制是就空间整体而言的，因此应以自然村落为空间单元进行计算。在3.4.3.2小节中研究指出传统农业村落的聚集和发展，一般采取从中心向边界离心扩展的方式，单个村庄结构的形成，主要依赖于空间自组织的生长机制；因此，各个自然村落的轴线图整合度计算结果，能够更为真实地反映现状人流经济的分布情况，以及未来空间结构的发展方向。

计算结果如图5-11所示，研究得到各个自然村落的轴线整合度图，根据整合度值的高低给轴线上色，暖色整合度值最高，而冷色整合度值较低，这样就能够比较直观地得到各个空间整合度的集成核；将计算结果与实地调研的情况相比对后发现，各个自然村落的公共服务设施，例如社区商店、餐饮、门诊、幼儿园、棋牌室、村委会等设施大多分布在整合度值相对较高的街道两侧，二者之间相关度较高。

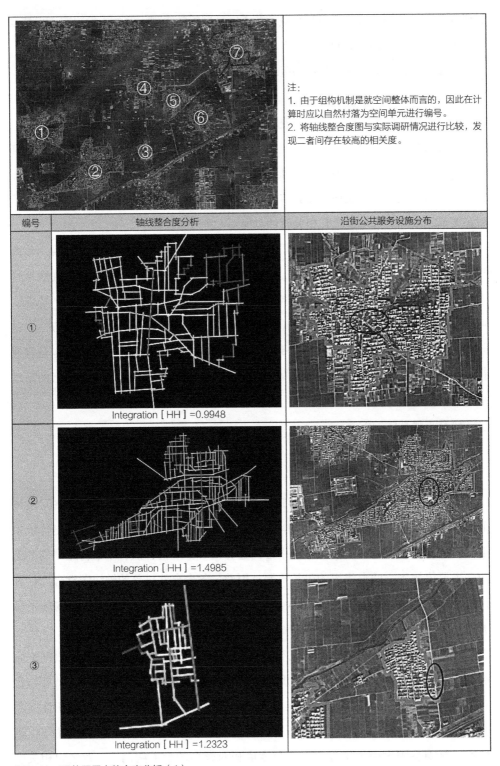

图5-11　现状居民点整合度分析（1）

图片来源：作者绘制，根据Depthmap软件计算及实地调研情况整理。

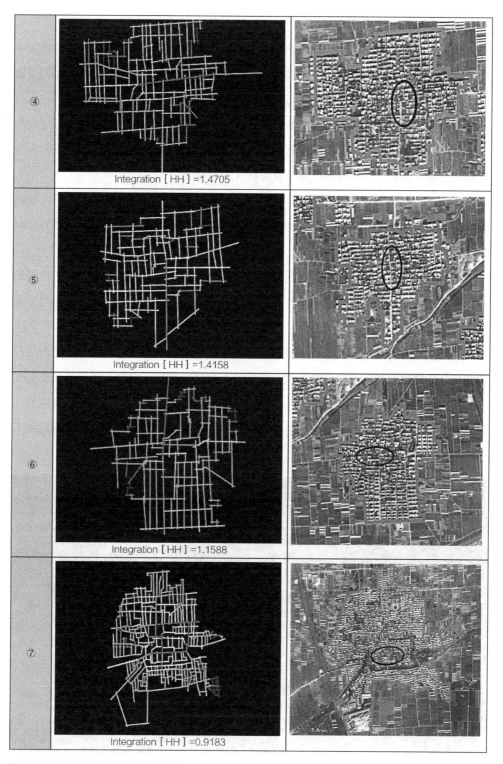

图5-11 现状居民点整合度分析（2）

图片来源：作者绘制，根据Depthmap软件计算及实地调研情况整理。

（2）方案制定与整合度校验

根据上述计算和实地调研的结果，研究制定出相应的规划设计方案。可持续农业社区要求以填充式开发的模式，将现有分散的村庄居民点整合起来；而整体空间结构的可持续应当以不破坏原有村庄空间肌理为前提。

为了使各个现状村落的整合度集成核，经重新规划之后依然能够在局部空间发挥积极的作用；设计拟将各个自然村落的核心通过一条主要道路连接起来，使得原有分散的村庄集中起来，以便形成可持续农业社区的规模效应。

随后，将规划后的轴线平面再次输入Depthmap软件，进行计算和校验，以确保新的规划方案在尊重空间自组织机制的基础上，能够延续原有村庄居民点的空间肌理。

规划方案的轴线图局部整合度计算结果如图5-12所示，研究发现在3步拓扑距离的范围内，局部整合度的集成核与各个原有村落空间的独立集成核位置（图5-11）基本一致。

因此可以得出结论，新的方案较好地延续了场地内部原有的空间肌理，符合可持续农业社区设计中对于强化社区地域文脉的要求。该量化分析中没有采用全局整合度分析，而是进行了空间局部整合度的计算与分析，这是由于对于相对复杂、尺度较大的空间来说，局部整合度通常反映的是步行距离的人流分布，而全局整合度则反映了

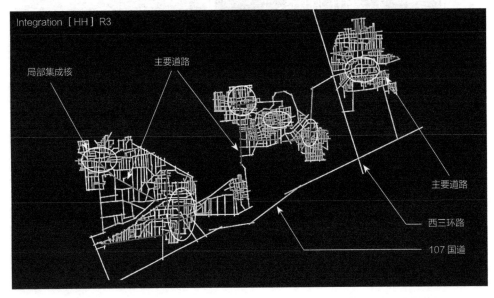

图5-12　方案局部整合度分析
图片来源：作者绘制，根据Depthmap软件计算结果整理。

机动车流的空间分布情况。

综上所述，在可持续农业社区的设计中，空间形态的可持续是社区发展的物质性
前提。通过轴线图分析，研究可以得出人流的自然运动与实际空间路径之间的关联
度，以便揭示普遍存在于街道系统中的更深层次的空间组构特征。上述研究为可持续
农业社区的研究提供了一种设计量化的工具，相比传统设计中的图论研究，其分析结
果具有一定的客观性和科学性。

5.3　与新农村建设案例的比较

5.3.1　天津华明镇项目

天津市华明镇"宅基地换房"的开发模式，是我国城镇化急速发展下的规划设计
产物。本研究以该项目为参照，与可持续农业社区设计实践进行比较。

（1）项目概况

华明镇位于天津市东丽区中部，紧邻滨海新区及空港物流加工区，距天津市区13
公里，是"宅基地换房"模式的发源地和示范镇。

在自然条件方面，规划区域内部地势较为平坦，间有洼地和堤状地带；属暖温带
半湿润大陆性季风气候，年均气温11.8℃，年均降水量598mm，无霜期188天，区内
的太阳能与地热资源丰富[①]。

该项目规划以"华明示范镇"为核心，形成东丽湖区、航空城、中心城区几大功
能布局（图5-13）。其中华明示范镇建设共涉及12个村，13268户农民，总人口41063
人；原村庄共有农民宅基地12071亩，拆迁后全部居民迁入示范小城镇。集中后12个
村人口只需要居住用地占地面积8427亩，可提供大量的节余土地[②]（表5-2）。

---

① http://baike.baidu.com/view/1379436.htm

② 陈伟峰，赖浩峰. 天津"宅基地换房"调研报告 [J]. 国土资源，2009（3）：14-16.

华明镇占补平衡比较表（单位：hm²）　　　　　　　表5-2

比较项目	建设规划			整理规划		
比较内容	总占地面积	新增加建设用地面积	占用耕地面积	村庄建设总用地	整理后耕地净增面积	平衡情况
数量	561.81	448.95	314.19	426.79	362.77	+48.56

资料来源：天津城市规划设计研究院

（2）设计理念

农城化——设计首先提出了"农城化"的概念，所谓"农城化"即"农村城镇化"，同时认为农城化是中国迈向现代化工作的重点之一。

以宅基地换房——提出以"承包责任制不变，可耕种土地不减，尊重农民自愿，以宅基地换房"的新思维指导规划设计，认为"以宅基地换房"创造了使广大农村地区加快实现城镇化的新模式，建立了实现农村集体土地重新整合、建设用地流转和集约化利用的新途径，利用现有集体建设用地存量为经济发展提供空间，促进现有村庄建设用地向城镇集中。

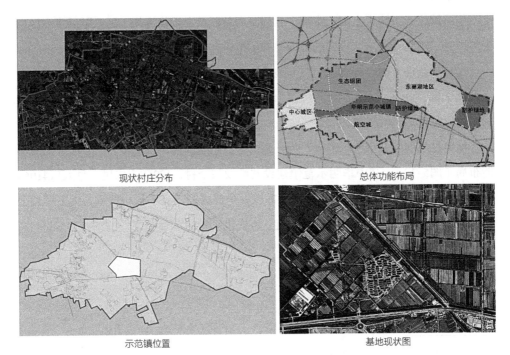

图5-13 "宅基地换房"构思示意图

图片来源：天津城市规划设计研究院

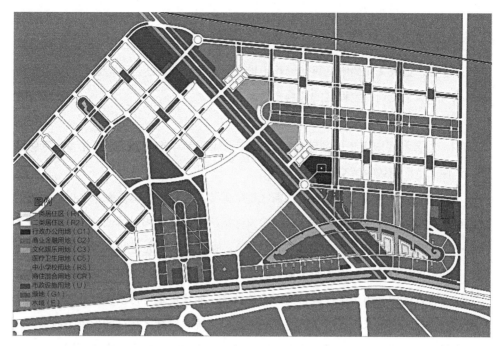

图5-14　小街廓的道路网格
图片来源：天津城市规划设计研究院

新城市主义与部分地域记忆的保留——在华明小城镇的规划设计中提出了借鉴新城市主义TND模式构建邻里单元的设想，采用街廓宽度100~200m的道路网格（图5-14），强调步行社区与邻里之间活动的平衡，以及优先考虑公共空间和公共建筑位置的做法；方案在景观设计上主张保留现状的田埂和树木，并加宽到25m，结合休憩及活动设施，为居民提供了休闲健身的公共场所。

5.3.2　经济模型VS生态模型

通过大汲店生态农庄项目和华明镇"以宅基地换房"示范镇项目的大量图纸分析，以及规划思路的比较研究，不难发现两个案例中的相似点与差异点：

（1）二者都提出了乡村城镇化的基本概念，认为乡村的发展是城镇化发展内容的重要组成部分之一。

不同之处在于大汲店项目在开发之初就采取了"填充式"开发的建设模式，尊重和保留场地内部原有传统农村社区的空间肌理，新开发的区域延续既有空间的传统特征并且在尺度上与之统一协调，是一种系统的、整体式的设计研究方法；而华明镇项目采取的则是一种全盘否定的"全新式"开发模式，传统农业社区空间肌理发生断裂并产生迁移，地域文化的维系只能依赖于景观元素符号的表达进行传递，居民的地方认同感、归属感受到一定程度的影响。

（2）二者都提出了步行社区的概念，认为小尺度的街廊设计可以加强空间领域的可达性，从而有效缓解交通负荷。

不同之处在于大汲店项目的步行街区是中国传统农村社区道路网格和街区尺度的空间延伸，街道宽度较窄并且与其两侧建筑体量的比例关系相对协调，有利于传统乡村社会人文景象的维持（例如聊天、休息等），同时能够极大程度地降低建造成本，避免不必要的资源浪费；而华明镇项目的步行街区则是借鉴新城市主义的基本模式，是要求乡村社区向城市传统社区特征靠拢的做法，而这正是可持续农业社区研究当中所批判的内容，即要求设计对待乡村的发展是以传统农村社区特征的保留为前提的，新型农村社区的经济与社会活动水平趋同于城市，而空间形态有着本质不同。

不可否认，华明镇项目在众多新农村社区建设案例当中无疑是成功的，它从项目论证到空间形态研究的整个过程相对充分，但是"以宅基地换房"本质上还是一种以经济模型作驱动的建设开发模式，因而其适用范围受到一定的局限。华明示范镇的成功首先得益于华明自身的区位优势，优越的地理位置、丰富的自然资源、良好的旅游基础设施，以及便利的交通条件都为其农城化奠定了坚实的基础；其次，区域内部农民的开放程度和务农比例也对宅基地换房政策的推行产生了影响，在计划拆迁安置之前，第一产业（农业）在当地国民经济中所占比例仅为6.7%，第二产业为41.9%，而第三产业为51.4%，产业结构趋于城市型，大量的农民早已不再务农，对于城市生活模式的接受度较高。通过上述分析，该模式对于那些长期稳定的传统农业村落并不适用，这就需要以生态模型为驱动的可持续农业社区模式作为新农村建设开发的有益补充，其对地区自身条件的适应性远好于一般意义上的新农村建设。

本章小结

由美国内布拉斯加州立大学建筑学院教授Mark A. Hostaid主持，天津大学建筑学院刘丛红教授绿色建筑工作室合作完成的河北省保定市大汲店生态农庄项目，是可持续农业社区设计模式理论研究的一次有益实践。尽管项目研究在很多方面还存在着不足并有待完善，但是以生态模型为基础的"填充式"的乡村建设开发模式，为本研究提供了有益的借鉴。

本章在大汲店项目的研究过程中，采取"发现问题—解决问题"的方式，建立起一个具有一定积聚规模联合意义上的新型农业社区，其核心特征是经济、文化、社会水平等同于城市，但空间特征仍然维持乡村形态。实现可持续农业社区的最终目标，需要注意以下几个关键性问题：

（1）填充式开发

从一定区域范围内，选择几个空间位置存在相互关联的农业自然村落，在维系既有村庄空间肌理结构的前提下，作填充式开发。

（2）以农业为主的多样化产业构成

强调社区经济以农业为主要产业，这就明确了社区的性质，是一种新型的、复合的农业社区。在可持续农业社区范围内，通过发展多样化的农业经济产业链，弥补单一农业功能收入不足的尴尬，以此来增加社区财富，稳定人口基数。产业链的内容具体包括农产品粗加工、食品加工、交通运输、农贸市场、生态农业观光旅游等项目。

（3）适度规模

项目提出规划人口将从现状的20000人发展至目标人口50000人，该人口数达到了可持续农业社区研究要求的合理规模，能够支撑起一个新型农业社区所必需的教育、医疗、商业和娱乐文化等公共设施网络，使其能够健康、可持续地运转。后增加的人口通过非农业产业获得就业岗位，并在新建的填充区域形成较高密度的商业和居住区域。

（4）可持续特征

一方面，可持续农业社区要求建立"生产—加工—运输"一体化网络，采取农产品就近生产，就近加工，就近运输的设计思路，最大限度地减少乡村财富与资源在运输过程中的损耗和流失。另一方面，可持续农业社区要求建立多种生态循环系统以及步行尺度的社区，强化社区可持续增长的边界，保证农业社区在能源使用上具有一定的独立性。

第 6 章

可持续农业社区
发展评价

　　可持续农业社区从其内涵上讲，涵盖了生态、社会和经济等方面的概念，评价其是否朝可持续发展方向演进，也是一个相对复杂的过程；因此，在评价研究时，必须寻求一个综合生态、社会和经济等方面概念的与此相关的评价指标体系，运用科学的方法系统反映可持续农业社区的整体运行状况，判断和测度生态环境、社会生活和经济发展对社区发展的促进效果，为可持续农业社区发展现状和未来趋势提供科学的判断依据。并且通过连续性的可持续农业社区发展评价结果，还可以分析社区内部各因素的变化，并从中寻找不利于社区发展的因素，采取措施及时扭转不利的变化趋势，使可持续农业社区发展回归到良性发展的轨道，实现预期发展目标。

6.1　可持续农业社区发展评价指标体系的构建

可持续农业社区作为一个物质空间实体，其发展应当是动态的，包含了经济、社会、环境等各方面要素成长发展的过程，发展评价指标体系则是反映社区生态、社会和经济健康持续发展的根本要素及标尺，所以建立可持续农业社区发展评价指标体系对评价和调控农业社区可持续发展具有重要的意义。

6.1.1　可持续农业社区发展评价的目标

可持续农业社区发展评价体系是以农业社区的生态环境、社会生活和经济发展为评价对象，为了实现社区可持续发展的目标，运用科学的方法和手段进行评价和监测，为可持续农业社区的健康发展提供决策依据。

（1）为可持续农业社区的发展规划提供依据

规划工作是可持续农业社区建设的首要环节，是实现农业社区可持续发展的有力保证。依据设定的可持续发展的目标，可持续农业社区规划方法需要进一步完善，特别应把环境规划、社会资源规划与经济发展规划密切结合起来。所以可持续农业社区发展指标体系的研究，有利于加强对社区生态、社会和经济关系机理的认识。同时根据指标体系，运用合理的评价方法，可以得到社区可持续发展的定量分析结果，为未来可持续农业社区的规划提供经验证据。

（2）对可持续农业社区发展现状进行评价

可持续农业社区发展是一个动态演进的过程，评价其发展程度、速度、稳定性和与规划的吻合程度等都有助于对可持续农业社区发展过程的管理与监测，及时监测这些指标的异常变化，也能够为将来社区发展的调控提供依据。因此可持续农业社区发展评价环节就成为评判规划实施效果的重要依据。指标体系作为农业社区复杂系统的具体体现，其每个指标的变化直接反映了系统的分项运行情况，特别是能够指示子系统之间相互协调的状态。

（3）为可持续农业社区发展管理决策提供依据

可持续农业社区发展的管理调控就是运用法律、政策等手段引导和实现社区可持续发展的一系列方案措施，通过调控以实现居民的现实诉求和长远利益的统一。指标体系是可持续农业社区发展管理调控的基础，依据指标运行出现的异常状态，及时进行适度调控，将问题抑制在萌芽的状态，实现在不影响农业社区发展整体局面的约束下及时纠正阻碍社区发展的不利因素。这一过程在可持续农业社区发展实践的过程中具有重要意义，能够避免可持续农业社区发展系统由于局部恶化导致出现整体崩溃的现象。

通过对长时间连续性的可持续农业社区发展评价数据的分析，可以揭示社区内部各因素的变化，从中寻找不利于社区发展的因素，采取措施及时扭转不利的变化趋势，使可持续农业社区回归到良性发展的轨道上，实现预期发展目标。由此，可持续农业社区发展评价指标体系对于决策部门在推进可持续农业社区健康快速发展的过程中是不可缺少的政策性工具，同时也是促进公众参与可持续农业社区发展的重要信息来源。

6.1.2　可持续农业社区发展评价体系的构建原则

可持续农业社区发展指标体系的设计首先要确定指标设计的原则，才能准确地表达可持续农业社区发展的各表征要素，为后续的评价工作夯实基础。

（1）科学性与实用性原则

该发展评价指标体系设计应当充分考虑和体现可持续农业社区发展的内涵，以科学的规范去系统、精准地理解和把握社区发展的影响因素。评价指标体系还要能够反映可持续农业社区发展的主要变化趋势，相关数据能够获得准确的来源，并且对数据的处理分析方法要科学，同时指标体系还要能够刻画出社区发展的具体程度。

所选择的具体指标应该定义准确、不能模棱两可。指标体系中的高层级指标值往往都是通过对低层级指标值进行加工、运算得到的，如果选取的低层级指标含义模糊不清，那么高层级指标的含义就很难明确。同时对数据所运用的计算方法也必须科学规范，这样才能保证可持续农业社区发展评价结果的真实和客观。

（2）系统性与层次性原则

可持续农业社区的发展是一项系统的复杂工程，不能一蹴而就，所以选择的发展效果评价指标必须能够全面地反映可持续农业社区发展的各个方面，具有涵盖广、层次高、系统性强的特点。

同时评价指标体系应该包括多个子系统和多个层级，在不同层级上选取不同的指标，有利于在不同层级上对可持续农业社区的发展进行调控，对有限的资源进行科学有效的配置。为实现系统优化，在技术层面上评价指标体系的建立应该使用目标分析法或系统分解等方法，本章研究将愿景目标分解为准则层指标，准则层指标再进行分解，形成网络层和指标层两级指标。同时，建立指标体系的内部逻辑结构，这样单个指标及逻辑结构能进行指标体系系统优化。

（3）可测性和可比性原则

具体设计可持续农业社区发展评价指标体系时，在考虑指标数据的可获得性的前提下，要实现定量数据与定性指标相结合。可持续农业社区发展评价指标体系应尽可能选择定量数据，对于一些难以量化但确实意义重要的指标，也可采用定性指标来描述，并采取一定的技术手段进行量化，如采用问卷调查、专家打分等方式。另外对指标进行运算处理的方法应当科学和简洁，不要过于复杂，保证指标评价运算的可行性。

同时可持续农业社区发展评价指标设计的最终目标是监督、指导和推动可持续农业社区发展的发展，所以选择的具体指标应该具有可比性，能够进行纵向的自身比较和横向的个体比较。

（4）动态性与稳定性原则

可持续农业社区发展评价指标体系设定的指标在一段时期内应保持相对稳定，不宜频繁地更换指标，稳定性有助于对社区发展进行比较和分析，并预测其发展趋势。但并不要求指标体系的绝对稳定，随着时间的推移和情况的变化，指标体系应该进行适度调整，适应新的发展局面。可持续农业社区的发展是一个持续的过程，所以在设计指标时要充分考虑到指标的更迭，使指标能及时、准确地反映社区发展现状和趋势。

（5）完备性与简明性原则

该评价指标体系要求能全面、综合地反映可持续农业社区发展的各个方面，指标应该相对比较完备，能够反映社区发展的主要方面和主要特征。而且设计的具体指标越多，反映可持续农业社区发展的现实就会越全面准确。但是随着具体指标数量的增加，指标数据收集整理的工作也会增加。而且过于精细的指标还可能导致指标之间的交叉与重叠，甚至对立的局面，反而给评价带来负面影响。因此设计的指标体系既要准确，具有代表性，更要简洁，数量不宜过多，在满足指标完备性的硬约束条件下，指标数量越少越好，以提高评价的可操作性。

（6）公众化原则

可持续农业社区发展评价指标体系的建立不仅仅为政府部门的决策提供依据，同时还应该服务于农业社区居民，所以指标体系中的指标应该通俗易懂，同时也应该直观地反映与农业社区居民生活紧密相关的内容，让社区居民关注并自觉运用评价结果来调整和选择自身生活及农业生产活动行为。

6.1.3　可持续农业社区发展评价指标体系的内容

建立可持续农业社区发展评价指标体系，应该依据现有的各项统计数据，将成熟的微观指标有机提炼，并在一定程度上进行创新。依据可持续农业社区的三层内涵，其发展效果评价要综合考虑经济发展、社会生活和生态环境。其中，经济发展指标的测度包括经济水平、产业发展和经济效率3个二级指标；社会生活指标的测度包括文化和谐、人居适宜、配套服务、管理高效、基础设施和社会情感6个二级指标；而生态环境指标的测度包括绿色农业、景观优美和和谐自然3个二级指标，最终确定了包括50个三级指标构成的可持续农业社区发展评价指标体系（表6-1）。

可持续农业社区发展评价指标体系　　　　　　　　　　　表6-1

准则层	网络层	指标层
经济发展P1	经济水平C1	社区区域生产总值C11
		社区人均生产总值C12
		社区财政收入C13
		社区人均可支配收入C14
		人口当地就业率C15
		社区恩格尔系数（食品支出/总支出）C16
	产业发展C2	人均耕地面积C21
		土地的可持续生产能力C22
		社区加工业发展（加工业增加值/区域生产总值）C23
		社区旅游业发展（旅游业增加值/区域生产总值）C24

续表

准则层	网络层	指标层
经济发展P1	经济效率C3	大棚温室等生产方式使用比重C31
		农作物种子自给率C32
		亩均机械总动力（kW/亩）C33
		农业科技人员比重C34
社会生活P2	区域文化C4	生活方式和文化的有效传承C41
		对区域建筑文化的有效保护C42
		每万人拥有图书馆数量C43
		每百人拥有计算机数量C44
	人居适宜C5	社区食物的自给比重C51
		房屋建筑形式与建筑材料C52
		社区人口密度（千人·km^2）C53
		社区人均居住面积C54
		邻里关系和睦友爱C55
		65岁以上老年人口比例C56
	生活便利C6	社区内提供小学和初中教育服务C61
		消费娱乐在社区内进行的比重C62
		居民出行主要交通工具C63
		社区提供基本医疗服务C64
	管理高效C7	社区管理和决策的透明度C71
		居民纠纷的解决方式C72
		有记录的犯罪数量C73
		居民参加志愿活动的比例C74
	基础设施C8	人均交通道路面积C81
		人均水资源消耗量C82
		人均综合用电量C83
	社会情感C9	日常可团聚家庭在农业社区中的比例C91
		定期举办具有地方性的活动或庆典C92

续表

准则层	网络层	指标层
生态环境P3	绿色农业C10	绿色食品生产率C101
		亩均化肥施用量C102
		亩均农药施用量C103
		亩均水资源消耗量C104
	景观优美C11	社区绿化率C111
		植物配置丰实度（乔木量/株·100m²）C112
		植物季节色彩搭配满意度C113
	和谐自然C12	对区域自然资源和生态环境敏感区的保护C121
		新建筑物中节能建筑的比重C122
		可再生能源使用率C123
		生活垃圾处理率C124
		生活污水日处理能力C125
		空气综合污染指数C126

数据来源：作者编制。

6.2　可持续农业社区发展评价方法

6.2.1　评价方法综述

可持续农业社区发展评价属于多重属性评价问题，多重属性评价问题的各指标涉及范围较广，如可持续农业社区发展评价涉及经济发展、社会生活和生态环境，指标反映了社区发展不同的属性，并且指标中既有定量数据又有定性指标，从而使评价较为复杂。

目前国内外主流的多重属性系统评价方法主要有：主成分分析法、灰色关联度分析法、模糊综合评价法、网络层次分析法（ANP）等，其评价方法各有利弊，表6-2是对这些常见评价方法的对比[1]。

---

[1] 高娟. 基于网络层次分析对风险投资项目选择方法的研究 [D]. 杭州：浙江大学，2009.

常用评价方法对比表 表6-2

方法名称	核心思想	优点	缺点
主成分分析法	利用矩阵降维的思路，将多指标转化为3~5个综合指标的方法	（1）根据评价指标必然存在着一定程度相关性的特点，即指标的内涵存在交叉，利用较少的指标来综合原来较多的指标，并使新的综合指标尽可能反映原来指标的内涵信息，既解决了指标间的内涵重叠问题，又能够极大简化原指标体系的指标数量。其在社会和经济统计分析中，是应用最广泛、效果较好的方法。（2）各综合因子的权重值不是人为确定的，而是根据其对方差贡献率的大小确定的。避免了某些评价方法中人为确定权重值的缺陷，使得综合评价结果在理论上是唯一的，而且客观合理	（1）对评价对象的样本容量要求比较高，需要较大样本容量，并且评价结果的数值跟样本量有关系，使得实际评价结果不唯一。（2）假定指标之间的相关关系为线形，如果指标之间的关系为非线性，那么就会导致评价结果的偏差
灰色关联度分析法	适用于数据较少而且指标关系不明确的情况	（1）计算方法简单，数据不需要进行预处理，可以直接利用原始数据进行计算。（2）对样本容量没有要求，不需要大量样本，也不需要样本服从经典的分布规律，只要样本有代表性即可	（1）所求出的关联度只能为正值，不能反映事物之间的负向相关关系。（2）不能解决评价指标间由于存在相关性造成的评价信息重叠问题，所以指标的选择在很大程度上能够影响评判结果
模糊综合评价法	应用模糊合成原理，将边界不清，不易定量的指标定量化进行评价	（1）模糊统计方法和隶属函数将定性指标转化为定量数据，实现了定性和定量分析方法的有效集合。（2）模糊综合评判方法能够解决判断的不确定性和模糊性等问题。（3）所得结果为向量形式，克服了传统评价方法结果单一性的缺陷，包含的信息量更丰富	（1）不能解决评价指标存在相关性造成的评价信息重叠问题。（2）权重的确定存有一定的主观性。（3）确定隶属函数有一定困难。特别是多属性评价问题，要对每个目标、每个因子确定隶属度函数，实际应用时过于繁琐，实用性不强
网络层次分析法（ANP）	能够把专家的经验进行量化，适用于目标结构复杂的情况	（1）把定性指标和定量数据有机结合起来的决策方法。善于处理传统的最优化技术不能解决的实际问题，应用范围较广泛。（2）反映了多层级系统的决策特点，并且层级之间和层级之内允许存在结构关系	评价过程中存在评价专家的主观上的不确定性

数据来源：作者整理

本书构建的可持续农业社区发展综合评价指标体系中，含有一些定性指标，如生活方式和文化的有效传承、农业社区管理和决策的透明度、植物季节色彩搭配满意度等指标，这些指标与定量指标不同，不能用单一数值描述，而只能采用模糊集合来表示，并且准则层、网络层和指标层的三级网络不同层次和同层次指标之间存在着一定的相关关系。由于ANP方法能够把定性指标和定量数据有机结合起来，并且允许相同层级中的指标相互影响，不同层级中的指标存在反馈作用，更契合可持续农业社区发展指标体系的立体结构，因此本书采用ANP方法评价可持续农业社区发展评价指标体系。

6.2.2　ANP理论模型综述

6.2.2.1　ANP模型简介

美国匹兹堡大学的T.L.Saaty在1996年提出了基于层次分析法（Analytic Hierarchy Process）改进的网络层次分析法（Analytic Network Process，ANP）[1]。AHP方法是将目标划分成不同的指标，而这些指标只能存在垂直的层次结构（图6-1）。

ANP方法除了允许垂直的层次结构之外，允许指标存在相互支配和影响的横向关系。ANP将系统指标划分为两大部分，第一部分称为控制指标层，包括目标层及准则层。所有的准则都是彼此独立的，且只受目标层元素的支配。第二部分为网络层，它是由所有受控制层支配的指标组成的，指标之间相互影响[2]，形成一个相互依存和反馈的网络结构，如图6-2所示。

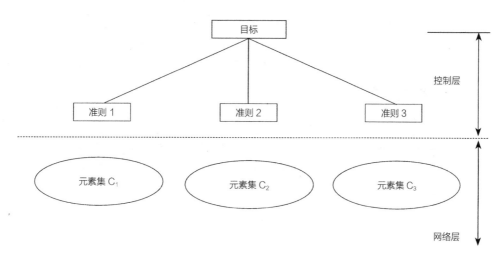

图6-1　AHP的垂直层次结构
图片来源：作者绘制

① 李玉钦. 基于网络分析法（ANP）的水电工程风险分析方法研究 [D]. 天津：天津大学，2007.
② 王莲芬. 网络分析法（ANP）的理论与算法 [J]，系统工程理论与实践，2001（3）：44～50.

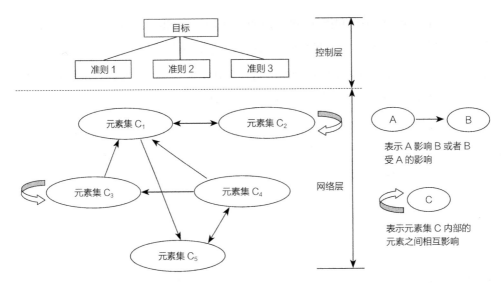

图6-2 ANP的典型递阶层次
图片来源：作者绘制

6.2.2.2 ANP方法的计算步骤

利用ANP方法对指标体系进行评价可以分为5步[1]，具体见图6-3。

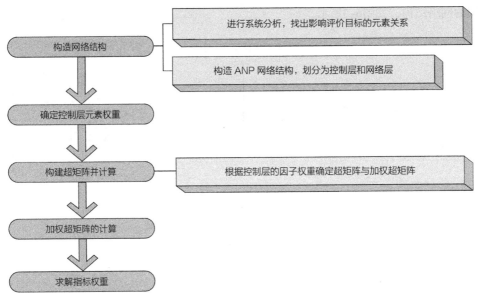

图6-3 ANP方法计算步骤
图片来源：作者绘制

---

[1] 孙永河. 基于非线性复杂系统观的 ANP 决策分析方法研究 [D]. 长春：吉林大学，2009.

（1）构造网络结构

针对所要评价的指标体系的内在层次结构进行系统分析，确定评价指标之间的逻辑关系，在此基础上建立ANP模型的网络层次结构。

将指标体系划分为控制层和网络层两部分。其中，控制层包括目标层和准则层。控制层中只有一个目标，目标层支配准则层，准则因素之间相互独立。网络层由网络层和指标层构成，网络层是指标层元素构成的集合，网络层的结构取决于指标层元素之间的关系，包含两类：外部依存性（网络层之间的逻辑关系）、内部依存性（网络层之内的逻辑关系），它们形成相互影响的网络结构。

（2）确定控制层元素权重

依据Super Decision软件的评价规则，本书采用1～9优势度标准，按照ANP模型的分析原理，需要对准则层、网络层和指表层之内的元素进行两两之间的比较，确定元素的相对重要程度，比例标度参见表6-3。

元素优势度比例标度 表6-3

标度	意义
1	两个因素相比同等重要
3	两个因素相比，前一个因素比后一个稍微重要
5	两个因素相比，前一个因素比后一个明显重要
7	两个因素相比，前一个因素比后一个强烈重要
9	两个因素相比，前一个因素比后一个极端重要
2，4，6，8	上述两相邻判断的中值，需要这种时采用

数据来源：作者制表。

（3）超矩阵的计算

根据第2步得到的控制层元素权重确定ANP模型的超矩阵。超矩阵是构造指标层元素，即C_{ij}与C_{mn}之间的关系。

设ANP的控制层准则中有p_1，p_2，$\cdots$，p_m，网络层有C_1，C_2，$\cdots$，C_N，其中C_i中有元素C_{i1}，C_{i2}，$\cdots$，$C_{in_i}=1$，2，$\cdots$，N。把控制层元素p_s（$s=1$，2，$\cdots$，m）作为第一准则，以C_j中元素C_{jk}（$k=1$，2，$\cdots$，n_j）为第二准则，将元素组C_i中的元素按其对

C_{jk}的影响程度进行优势度比较，即在准则p_s下构造判断矩阵，见表6-4。

超矩阵元素		表 6-4
C_{jk}	C_{i1}，C_{i2}，$\cdots$，C_{in_i}	归一化特征向量
C_{i1}	$\cdots$	$w_{i1}^{(jl)}$
C_{i2}	$\cdots$	$w_{i2}^{(jl)}$
$\cdots$	$\cdots$	$\cdots$
C_{in_i}	$\cdots$	$w_{ini}^{(jl)}$

数据来源：作者制表。

根据特征根方法可以计算得到权重向量式$w_{i1}^{(jk)}$，$w_{i2}^{(jk)}$，$\cdots$，$w_{in_i}^{(jk)}$。对于$k=1$，2，$\cdots$，n_i，重复上述步骤，得到矩阵W_{ij}

$$W_{ij} = \begin{pmatrix} w_{i1}^{(j1)} & w_{i1}^{(j2)} & \cdots & w_{i1}^{(jn_j)} \\ w_{i2}^{(j1)} & w_{i2}^{(j2)} & \cdots & w_{i2}^{(jn_j)} \\ \vdots & \vdots & \vdots & \vdots \\ w_{in_i}^{(j1)} & w_{in_i}^{(j2)} & \cdots & w_{in_i}^{(jn_j)} \end{pmatrix} \qquad （公式6-1）$$

W_{ij}的列向量是C_i中的元素C_{i1}，C_{i2}，$\cdots$，C_{in}对C_j中元素C_{j1}，C_{j2}，$\cdots$，C_{jn_j}的影响程度向量。如果C_j中指标元素不受C_i中指标元素影响，则$W_{ij}=0$。对于$i=1$，2，$\cdots$，N；$j=1$，2，$\cdots$，N重复上述步骤，最终可获得准则p_s下的超矩阵W。

（4）加权超矩阵的计算

根据第2步得到的控制层元素权重确定ANP模型的加权超矩阵，加权超矩阵是构造网络层元素，即C_i与C_j之间的关系。第3步得到的超矩阵共有m个，且都是非负矩阵，超矩阵W的子块W_{ij}是列归一化的，但W却不是列归一化的。所以构造加权矩阵，将超矩阵进行列归一化处理。

以p_s为准则，对p_s中的各元素对网络层元素C_j，$j=1$，2，$\cdots$，N的重要程度进行两两比较，如表6-5所示。

C_j	C_1，C_2，…，C_n	归一化特征向量
C_1	…	a_{1j}
C_2	…	a_{2j}
…	…	…
C_n	…	a_{nj}

加权矩阵元素　　表6-5

数据来源：作者制表。

对于i=1，2，…，N；j=1，2，…，N重复上述步骤，最终可获得准则p_s下的加权矩阵A

$$A = \begin{bmatrix} a_{11} & a_{12} & … & a_{1N} \\ a_{21} & a_{22} & … & a_{2N} \\ … & … & … & … \\ a_{N1} & a_{N2} & … & a_{NN} \end{bmatrix}$$ （公式6-2）

构造矩阵$\overline{W}=(\overline{W}_{ij})$，元素$\overline{W}_{ij}=a_{ij}W_{ij}$，$i$=1，2，…，$N$；$j$=1，2，…，$N$，其中$W=(W_{ij})$为系统的超矩阵，$A=(A_{ij})$为系统的加权矩阵，则$\overline{W}$就被称为加权超矩阵，加权超矩阵的任一列均达到了归一化。

（5）求解指标权重

对加权超矩阵求极限

$$W^{\infty} = \lim_{k \to \infty} \frac{1}{N} \sum_{k=1}^{N} W^k$$ （公式6-3）

所得到的矩阵W^{∞}称为极限超矩阵，因为在第4步，W矩阵实现了归一化，所以W^{∞}仍是归一化的矩阵，即W^{∞}存在，W^{∞}矩阵的第i列就是指标层中各元素对i元素的极限相对排序向量，并且在极限超矩阵中各元素的行向量数值几乎相同，说明经过矩阵极限运算后，各个指标的权重值已经无限逼近其真值。

6.3 可持续农业社区发展ANP模型

按照ANP方法的步骤，构建可持续农业社区发展技术网络层次评价模型，并进行求解，研究需要首先确定控制层与网络层的各种要素，见图6-4。

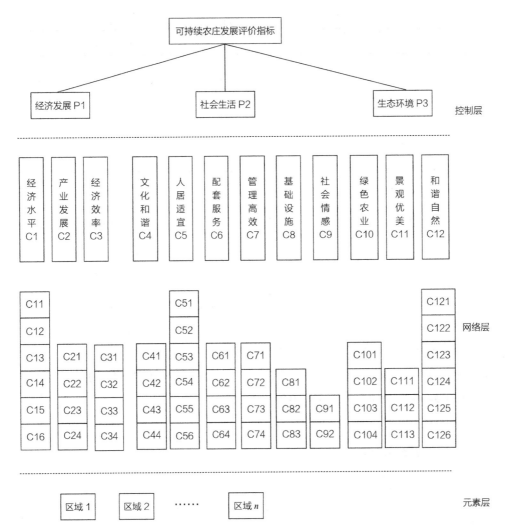

图6-4　可持续农业社区发展模型
图片来源：作者绘制

6.3.1　内部网络层次结构

（1）产业发展与经济水平的关系

可持续农业社区是一种新型社区形态，其产业结构，特别是农业生产、食品加工业和旅游业在区域生产总值中的所占比例，会对可持续农业社区生产总值产生明显的影响。加工业和旅游业的比重越大，意味着农业社区经济发展不仅仅依赖农业种植，区域生产总值也将越大。

区域生产总值会直接影响农业社区的人均可支配收入，而后者会决定农业社区居民的恩格尔系数[①]，人均可支配收入越高，恩格尔系数越低，也意味着居民生活越富裕，其网络结构见图6-5。

（2）农业社区文化与农业社区管理的关系（图6-6）

可持续农业社区的发展除了经济和环境的可持续，还隐含着农业社区区域文化和生活方式的传承，农业社区提供的教育和娱乐活动是农业社区文化和生活方式传承的土壤，而文化的有效传承会促进区域建筑文化的有效保护。

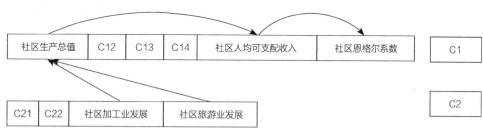

图6-5　产业发展与经济水平关系
图片来源：作者绘制

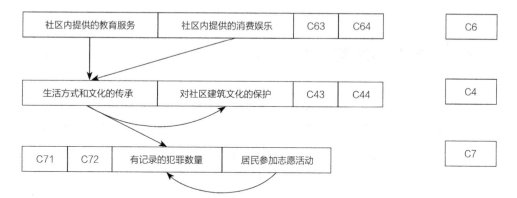

图6-6　农业社区文化与农业社区管理关系
图片来源：作者绘制

---

① 资料来源：http://baike.baidu.com/view/28093.htm
　恩格尔系数（Engel's Coefficient）是食品支出总额占个人消费支出总额的比重。19世纪德国统计学家恩格尔根据统计资料，对消费结构的变化总结出一个规律：一个家庭收入越少，家庭收入中（或总支出中）用来购买食物的支出所占的比例就越大，随着家庭收入的增加，家庭收入中（或总支出中）用来购买食物的支出比例则会下降。

健康朴实的文化和生活方式会提高农业社区管理的效率，能够降低农业社区的犯罪率，而农业社区和谐友善的公益氛围，也会促进农业社区管理效率的提高。

（3）绿色农业生产与和谐自然环境的关系

农业生产过程中化肥使用量和农药使用量会直接影响绿色农业产品的生产，可再生资源如风能、太阳能和沼气能等的使用可以有效地改善空气质量，也能够间接提高绿色产品生产水平。其网络结构见图6-7。

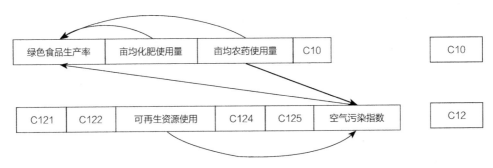

图6-7 绿色农业生产与和谐自然环境
图片来源：作者绘制

6.3.2 网络层次模型的构建

ANP模型中矩阵的计算繁琐复杂，必须借助计算软件求解。本书采用专门用于分析求解ANP模型的数学软件——超级决策软件（Super Decision 软件）对构建的ANP模型求解，首先建立ANP模型的内部网络层次关系，见图6-8。

6.3.3 网络层次模型的求解

本研究共发放调查问卷25份[1]，收到有效问卷25份。

---

[1] 调查问卷发放的原则为相关专家、学者、管理人员以及农村居民代表，调查问卷发放的单位及发放份数具体情况如下：保定市规划局（5份），保定市大汲店生态园建设管理委员会（5份），西安建筑科技大学建筑学院（5份），河北工业大学建筑与艺术学院（5份），河北工程大学建筑学院（5份）。

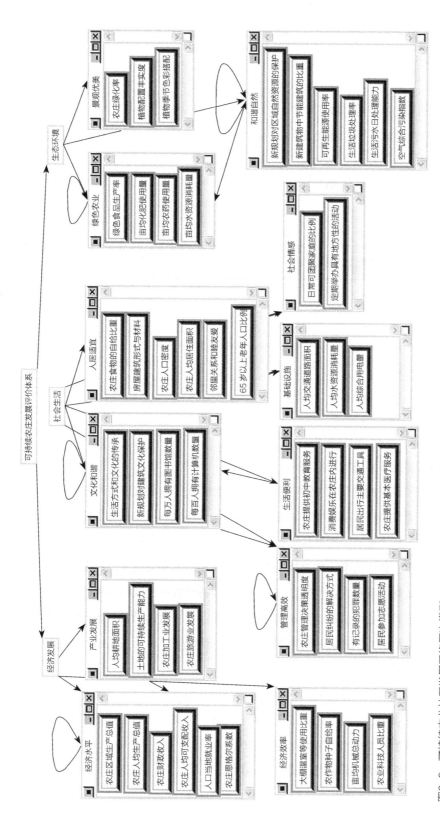

图6-8　可持续农业社区发展网络层次模型
图片来源：作者绘制

研究在分析问卷结果的基础上，利用Super Decision 3.2软件，采用9分法对各个元素以及元素集进行比较。

（1）准则层指标权重计算结果

软件计算结果表明，经济发展、社会生活和生态环境3个一级指标的权重差异较大，分别为20.98%、24.03%和54.99%，显示生态环境子系统在可持续农业社区发展中的作用最大，评价结果见表6-6。

准则层指标权重
表6-6

编号	准则层指标	权重
1	经济发展（P1）	0.209814
2	社会生活（P2）	0.240271
3	生态环境（P3）	0.549915
合计		1

数据来源：作者制表，根据计算结果整理。

（2）经济发展子系统计算结果

经济发展子系统内局部权重排在前3的三级指标分别为农业科技人员比重、土地的可持续生产能力和社区区域生产总值，分别为19.05%、18.63%和13.54%。

农业科技人员比重表示的是从事农业生产的技术水平，根据经济学的生产原理，技术与劳动力具有替代关系，农业技术水平越高需要的劳动力越少，剩余的劳动力可以投入到农产品加工业和农业社区旅游业中，而可持续农业社区的农民收入不仅仅依赖于农业，还依赖于农产品加工业和农业社区的旅游业；特别是具有地方性特色的生态农业旅游，是缩小与城镇居民收入差距和农业社区经济可持续发展的重要途径，所以其在经济发展子系统中的得分是最高的。

可持续农业社区的根基是社区内部农业的可持续发展，只有农业实现了健康快速的发展，依附于农业之上的农产品加工业和农业社区的旅游业才可能实现价值增值，提高社区内区域生产总值也就成为水到渠成的结果。

经济发展子系统的具体评价结果见表6-7。

经济发展子系统局部权重　　　　　　　　　　　　　　表 6-7

	网络层	指标层	权重
经济发展P1	经济水平C1	社区区域生产总值C11	0.116600
		社区人均生产总值C12	0.076383
		社区财政收入C13	0.034768
		社区人均可支配收入C14	0.044094
		人口当地就业率C15	0.023987
		社区恩格尔系数（食品支出/总支出）C16	0.037501
	产业发展C2	人均耕地面积C21	0.023372
		土地的可持续生产能力C22	0.186250
		社区加工业发展（加工业增加值/区域生产总值）C23	0.040193
		社区旅游业发展（旅游业增加值/区域生产总值）C24	0.083519
	经济效率C3	大棚温室等生产方式使用比重C31	0.025639
		农作物种子自给率C32	0.073102
		亩均机械总动力（kW/亩）C33	0.044045
		农业科技人员比重C34	0.190547
合计			1

数据来源：根据计算结果整理，作者制表。

（3）社会生活子系统计算结果

社会生活子系统内局部权重排在前3的三级指标分别为日常可团聚家庭在农业社区中的比例、人均综合用电量和生活方式及文化的有效传承，分别为13.33%、12.84%和11.74%。

日常可团聚家庭是指家庭中成员的工作地点在农业社区内或周边，家庭成员每天都可以团聚，不存在留守儿童、妇女和老人等，其在农业社区中的比例越高越能体现出社区内成员的生活质量提高。人均综合用电量反映的是居民的生活水平和生产的自动化程度，而生活方式及文化的有效传承反映了在精神层面农业社区发展的可持续性，评价结果见表6-8。

社会生活子系统局部权重　　　　　　　　　　　　表 6-8

	网络层	指标层	权重
社会生活P2	区域文化C4	生活方式及文化的有效传承C41	0.117397
		对区域建筑文化的有效保护C42	0.014988
		每万人拥有图书馆数量C43	0.026962
		每百人拥有计算机数量C44	0.007319
	人居适宜C5	社区食物的自给比重C51	0.010962
		房屋建筑形式与建筑材料C52	0.016404
		社区人口密度（千人·km^2）C53	0.005388
		社区人均居住面积C54	0.008253
		邻里关系和睦友爱C55	0.087114
		65岁以上老年人口比例C56	0.038546
	生活便利C6	社区内提供小学和初中教育服务C61	0.080264
		消费娱乐在社区内进行的比重C62	0.031066
		居民出行主要交通工具C63	0.011876
		社区提供基本医疗服务C64	0.043460
	管理高效C7	社区管理和决策的透明度C71	0.104607
		居民纠纷的解决方式C72	0.036007
		有记录的犯罪数量C73	0.008288
		居民参加志愿活动的比例C74	0.017765
	基础设施C8	人均交通道路面积C81	0.026959
		人均水资源消耗量C82	0.011322
		人均综合用电量C83	0.128387
	社会情感C9	日常可团聚家庭在农业社区中的比例C91	0.133333
		定期举办具有地方性的活动或庆典C92	0.033333
合计			1

数据来源：根据计算结果整理，作者制表。

（4）生态环境子系统计算结果

生态环境子系统局部权重排在前3的三级指标分别为农业社区绿化率、绿色食品生产率和对区域自然资源及生态环境敏感区的保护，分别为22.90%、22.30%和14.78%。

农业社区绿化率是保持农业社区生态环境的基础，也是吸引游客进行农业社区生态旅游的重要因素；绿色食品生产率表示农业社区在进行农业生产时农药、化肥等对环境的影响程度；对区域自然资源及生态环境敏感区的保护则表示农业社区未来自然环境的可持续性，评价结果见表6-9。

生态环境子系统局部权重 表6-9

	网络层	指标层	权重
生态环境P3	绿色农业C10	绿色食品生产率C101	0.222995
		亩均化肥使用量C102	0.023512
		亩均农药使用量C103	0.073271
		亩均水资源消耗量C104	0.013555
	景观优美C11	社区绿化率C111	0.228994
		植物配置丰实度（乔木量/株·100m²）C112	0.042181
		植物季节色彩搭配满意度C113	0.062158
	和谐自然C12	对区域自然资源及生态环境敏感区的保护C121	0.147843
		新建筑物中节能建筑的比重C122	0.000000
		可再生能源使用率C123	0.014402
		生活垃圾处理率C124	0.087642
		生活污水日处理能力C125	0.032865
		空气综合污染指数C126	0.050581
合计			1

数据来源：根据计算结果整理，作者制表。

（5）可持续农业社区评价指标全局权重

根据一级指标的权重和一级指标内各三级指标的局部权重，可以计算得到可持续农业社区发展评价指标体系的全局权重，评价结果见表6-10。

可持续农业社区发展评价指标体系全局权重　　　　　　　　表 6-10

	网络层	指标层	权重（%）
经济发展P1	经济水平C1	社区区域生产总值C11	2.45
		社区人均生产总值C12	1.60
		社区财政收入C13	0.73
		社区人均可支配收入C14	0.93
		人口当地就业率C15	0.50
		社区恩格尔系数（食品支出/总支出）C16	0.79
	产业发展C2	人均耕地面积C21	0.49
		土地的可持续生产能力C22	3.91
		社区加工业发展（加工业增加值/区域生产总值）C23	0.84
		社区旅游业发展（旅游业增加值/区域生产总值）C24	1.75
	经济效率C3	大棚温室等生产方式使用比重C31	0.54
		农作物种子自给率C32	1.53
		亩均机械总动力（kW/亩）C33	0.92
		农业科技人员比重C34	4.00
社会生活P2	区域文化C4	生活方式和文化的有效传承C41	2.82
		对区域建筑文化的有效保护C42	0.36
		每万人拥有图书馆数量C43	0.65
		每百人拥有计算机数量C44	0.18
	人居适宜C5	社区食物的自给比重C51	0.26
		房屋建筑形式与建筑材料C52	0.39
		社区人口密度（千人·km^2）C53	0.13
		社区人均居住面积C54	0.20
		邻里关系和睦友爱C55	2.09
		65岁以上老年人口比例C56	0.93
	生活便利C6	社区内提供小学和初中教育服务C61	1.93
		消费娱乐在社区内进行的比重C62	0.75
		居民出行主要交通工具C63	0.29
		社区提供基本医疗服务C64	1.04

续表

	网络层	指标层	权重（%）
社会生活P2	管理 高效C7	社区管理和决策的透明度C71	2.51
		居民纠纷的解决方式C72	0.87
		有记录的犯罪数量C73	0.20
		居民参加志愿活动的比例C74	0.43
	基础 设施C8	人均交通道路面积C81	0.65
		人均水资源消耗量C82	0.27
		人均综合用电量C83	3.08
	社会 情感C9	日常可团聚家庭在农业社区中的比例C91	3.20
		定期举办具有地方性的活动或庆典C92	0.80
生态环境P3	绿色 农业C10	绿色食品生产率C101	12.26
		亩均化肥使用量C102	1.29
		亩均农药使用量C103	4.03
		亩均水资源消耗量C104	0.75
	景观 优美C11	社区绿化率C111	12.59
		植物配置丰实度（乔木量/株·100m^2）C112	2.32
		植物季节色彩搭配满意度C113	3.42
	和谐 自然C12	对区域自然资源和生态环境敏感区的保护C121	8.13
		新建筑物中节能建筑的比重C122	0.00
		可再生能源使用率C123	0.79
		生活垃圾处理率C124	4.82
		生活污水日处理能力C125	1.81
		空气综合污染指数C126	2.78
合计			100

数据来源：作者制表，根据计算结果整理。

本章小结

本章研究以可持续农业社区发展为评价对象，构建了可持续农业社区发展评价指标体系的框架，包括生活和福利水平持续增长、社会环境的稳定、自然生态环境的协调3个准则层指标，12个网络层指标和50个指标层指标，以期实现可持续农业社区经济效益、社会效益和生态效益三个子系统平衡并达到最佳状态。

研究运用ANP方法对可持续农业社区发展评价体系进行了评价，评价结论能够为可持续农业社区健康发展提供决策依据。

利用25份调查问卷得到的结果，结论如下：

（1）经济发展、社会生活和生态环境3个准则层指标的权重差异较大，分别为20.98%、24.03%和54.99%，显示生态环境子系统在可持续农业社区发展中的作用最大，而社会生活权重高于经济发展。

（2）经济发展子系统内局部权重排在前3的指标分别为：

①农业科技人员比重；

②土地的可持续生产能力；

③农业社区区域生产总值。

权重分别为19.05%、18.63%和13.54%。农业科技人员比重表示从事农业生产的技术水平，由于技术与劳动力具有替代关系，农业技术水平越高需要的劳动力越少，剩余的劳动力可以投入到农产品加工业和农业社区旅游业中。

可持续农业社区的根基是社区内农业的可持续发展，只有农业实现了健康快速的发展，依附于农业之上的农产品加工业和农业社区的旅游业才可能实现价值增值，提高社区内区域生产总值也就成为水到渠成的结果。

（3）社会生活子系统内局部权重排在前3的指标分别为：

①日常可团聚家庭在农业社区中的比例；

②人均综合用电量；

③生活方式和文化的有效传承。

权重分别为13.33%、12.84%和11.74%。日常可团聚家庭指标在农业社区中的比例越高越能体现出社区内成员的生活质量提高和幸福感。人均综合用电量反映的是居民的生活水平和生产的自动化程度，而生活方式和文化的有效传承反映在精神层面农业社区发展的可持续性。

（4）生态环境子系统局部权重排在前3的指标分别为：

①农业社区绿化率；

②绿色食品生产率；

③对区域自然资源和生态环境敏感区的保护。

权重分别为22.90%、22.30%和14.78%。农业社区绿化率是保持农业社区生态环境的基础，也是吸引游客进行农业社区生态旅游的重要因素；绿色食品生产率表示农业社区在进行农业生产时农药、化肥等对环境的影响程度；对区域自然资源和生态环境敏感区的保护则表示农业社区未来自然环境的可持续性。

第 7 章

结论与展望

　　面对全球生态环境的恶化，可持续发展理论要求通过经济、社会、环境三个方面的可持续来实现"既满足当代人的需求，又不危及后代人满足需求的能力"这一人类理想。本课题关于可持续农业社区（Sustainable Agricultural Community）的相关研究，建立在对中国传统农村生态本质的探讨与现代社区规划理论研究相结合的基础之上，以期为探索适合中国国情的、可持续的城镇化道路提供新的规划视角和方法。

（1）一种方法——"由表及里"的思维模式

国内外绿色建筑设计及评估体系的研究（如美国的LEED，英国的BREEM）已经建立了较为完善的绿色建筑的评估体系，鼓励建筑师在建筑设计中采用一系列的绿色建筑策略，全面综合地考虑建筑全寿命周期内的能量消耗、经济投入及其对环境所产生的负荷压力[1]。上述研究局限于单一建筑或是小范围的建筑环境，无法有效地定义一个更大尺度的环境边界系统，例如村落、城市或者区域。

"生态城市""新城市主义"与"精明增长"等概念的提出，引导人们从城市和社区的角度去思考问题。例如生态城市建议综合系统地考虑城市生态系统；新城市主义则提倡采用公众参与等方式进行城市规划和设计[2]，主要观点包括创建适合步行尺度的邻里街区，复合的土地利用，限制城市发展边界。上述讨论将人们对可持续设计的认知扩大到了村落、城市乃至区域的尺度，是可持续发展领域的重要成果。

但是值得注意的是，生态城市、新城市主义以及精明增长等方面的研究，依旧是采用了"由里及表"的传统设计方法，它们首要关注的问题仍然停留在城市的内部层面，而忽略了一个关于可持续发展的最为重要的话题——粮食生产。大量的能源浪费在粮食从田间运往餐桌的途中，如果规划设计过程当中，始终缺少将一套有效的、一体化的可持续粮食生产系统组织到城市结构当中的重要环节，一个巨大的障碍就会存在于人类聚居地可持续发展的进程之中。因此，研究提出"可持续农业社区"的概念，其主要经济以可持续农业以及粮食生产加工为中心，适当发展生态农业观光旅游，通过发展具有卫星城镇意义的可持续农业社区所组成的城市外部区域网络，试图增强农业区域的吸引力，并且在乡村与城市之间建立起更为有效的联系。可持续农业社区研究认为，城市设计中加入粮食生产环节方面的考虑，是实现可持续城镇化的关键步骤。这有别于传统的"由里及表"的规划方法，是一种"由表及里"的创新式设计。可持续农业社区设计重视以农业为主导产业的村落空间形态方面的研究，以期真正形成一套系统的、城乡一体化的整体环境研究方法。

---

① Peter Buchanan. Ten Shades of Green-Architecture and the Natural World ［M］. Architectural League. 2005.

② Peter Katz. The New Urbanism: Toward an Architecture of Community ［M］. McGraw-Hill. 1994.

（2）两个目标——城市、乡村的共同发展

可持续农业社区从关注城市核心外部的农业区域入手，将城市与乡村作为一个整体环境进行研究，是一种城乡一体化的表现形式；通过课题研究，以谋求城市的发展和乡村的发展两个目标的共同实现。

设计方法上的转变，其优点在于给予城市外部空间与城市核心区域同等的重视，而传统设计常常将城市核心外部的农业区域看作是经济欠发达的，或者是正在向城镇化过渡的进程当中；更进一步说，给予城市外部农业区域更多的关于可持续设计方面的讨论，必将引导相关话题在城市"内部"更深层次的思考。项目研究通过适宜的、综合的城市规划与建筑设计的方法达到空间资源的合理配置，实现一个包括城市与乡村在内的整体环境系统的可持续发展。

当前，城市与乡村之间的根本关系是相互对立并且缺少融合的，二者在人口密度、建筑体量以及自然环境等各个方面有着太多的不同；城市居民羡慕乡村居民良好的生活环境，乡村居民羡慕城市居民便利的生活设施，各有优势又各有劣势；有人将这种现象形象地比喻为"过桥"或"围城"，恰如其分地表达出乡村和城市之间特征差别的本质。可持续农业社区设计模式的研究立足于城市特征和乡村空间特征的各自保留，在二者之间建立关系密切的交通走廊，以便人们能够轻松地游走在二者之间，获得选择不同居住环境与就业方式的机会。但是这一点应建立在乡村和城市经济、社会、文化等水平对等的基础上，使得城市的发展不以损害乡村生态环境利益为代价。

（3）研究的局限与展望

可持续农业社区的相关研究，其最终目标在于通过一系列具有创新精神的、规划设计策略的实施，实现一个以农业及其相关产业链为首要经济的新型农业社区的可持续发展，传承传统农业文化的精髓，在人与自然之间形成和谐共存的关系。可持续农业社区的农业生产以及食品加工，不仅要求满足社区内部的需要，还要求能够与相邻农业社区建立密切的协作关系，共同为其周边相邻的城市区域提供新鲜的食物来源，形成空间功能上的互补。可持续农业社区的建立以人和自然的协调关系为前提，在环境容量和生态承载能力允许的条件下，实现社区的可持续发展。

目前，本书的研究成果还存在一定的局限，例如在研究过程中笔者没有过多考虑国家政策和土地制度方面的干预因素，本课题当中对于可持续农业社区的相关研究是以理想条件为前提，在一个较为开放的研究平台上进行的学术探讨。另外，由于笔者实地调研和设计实践所选取的村庄样本局限在北方地区，因此目前可持续农业社区的研究成果仅适用于北方大城市边缘经济较为发达的农业地区。

尽管存在上述不足，可持续农业社区设计模式相关研究的出发点仍然是积极的，研究成果可行性较强。可以预见，可持续农业社区的研究将成为未来城镇化过程中，社会主义新农村建设规划理论和设计方法研究的有益补充。

附录 调查问卷

可持续农业社区发展评价指标调查问卷

问卷编号：＿＿＿＿＿

尊敬的专家：

您好！可持续农业社区是一种新型农业社区，其经济以农业及其相关产业链为中心，适当发展生态农业观光旅游；通过发展具有卫星城镇意义的农业社区群所组成的区域网络，以增强农业区域的吸引力，并在乡村与城市之间建立起更有效的联系。本调查问卷旨在了解可持续农业社区的经济发展、社会生活和生态环境3个主要子系统的发展程度和重要性。

感谢您在百忙之中协助我们完成问卷的填写。您的意见将为本研究提供非常重要的帮助！

Section A　填表人的基本信息

1. 您所在的机构：_____。

2. 您的职务（可不填）_____。

3. 您所在的部门（可不填）_____。

[依照《统计法》，有关企业或行业的相关资料我们将严格保密]

Section B　可持续农业社区发展评价指标的问卷调查

一、请根据您的工作经验针对表1中的指标的重要程度进行打分（分值范围从1-9，其中9代表此指标占最重要的位置，1代表此指标占微不足道的位置，请在您认为重要程度分值的表格下打√）

1　经济发展（体现可持续农业社区的经济增长水平、产业发展状况和经济运行效率）

2　社会生活（体现可持续农业社区的文化和谐程度、人居舒适度、配套服务水平、管理效率和基础设施完善程度）

3　生态环境（体现在可持续农业社区的绿色农业发展水平、景观优美程度和环境健康程度）

表1

指标	1	2	3	4	5	6	7	8	9
经济发展									
社会生活									
生态环境									

二、请根据您的工作经验针对表2中的指标的重要程度进行打分（各分值意义同问卷一）

表 2

指标	1	2	3	4	5	6	7	8	9
社区区域生产总值									
社区人均生产总值									
社区财政收入									
社区人均可支配收入									
人口当地就业率									
社区恩格尔系数（食品支出/总支出）									
人均耕地面积									
土地的可持续生产能力									
社区加工业发展（加工业增加值/区域生产总值）									
社区旅游业发展（旅游业增加值/区域生产总值）									
大棚温室等生产方式使用比重									
农作物种子自给率									
亩均机械总动力（kW/亩）									
农业科技人员比重									

三、请根据您的工作经验针对表3中的指标的重要程度进行打分（各分值意义同问卷一）

表 3

指标	1	2	3	4	5	6	7	8	9
生活方式和文化的有效传承									
对区域建筑文化的有效保护									
每万人拥有图书馆数量									
每百人拥有计算机数量									
社区食物的自给比重									
房屋建筑形式与建筑材料									

续表

指标	1	2	3	4	5	6	7	8	9
社区人口密度（千人·km^2）									
社区人均居住面积									
邻里关系和睦友爱									
65岁以上老年人口比例									
社区内提供小学和初中教育服务									
消费娱乐在社区内进行的比重									
居民出行主要交通工具									
社区提供基本医疗服务									
社区管理和决策的透明度									
居民纠纷的解决方式									
有记录的犯罪数量									
居民参加志愿活动的比例									
人均交通道路面积									
人均水资源消耗量									
人均综合用电量									
日常可团聚家庭在农业社区中的比例									
定期举办具有地方性的活动或庆典									

四、请根据您的工作经验针对表4中的指标的重要程度进行打分（各分值意义同问卷一）

表4

指标	1	2	3	4	5	6	7	8	9
绿色食品生产率									
亩均化肥使用量									
亩均农药使用量									
亩均水资源消耗量									
社区绿化率									

续表

指标	1	2	3	4	5	6	7	8	9
植物配置丰实度（乔木量/株·100m²）									
植物季节色彩搭配满意度									
对区域自然资源和生态环境敏感区的保护									
新建筑物中节能建筑的比重									
可再生能源使用率									
生活垃圾处理率									
生活污水日处理能力									
空气综合污染指数									

［问卷到此结束，非常感谢您的参与］

参考文献

专（译）著：

［1］李德华. 城市规划原理（第三版）［M］. 北京：中国建筑工业出版社，2001.

［2］Ray M. Northam. Urban Geography［M］. New York：John Wiley & Sons Inc，1979.

［3］郭成铭. 新农村建设规划设计与管理［M］. 北京：中国电力出版社，2008.

［4］叶齐茂. 发达国家乡村建设考察与政策研究［M］. 北京：中国建筑工业出版社，2008.

［5］刘易斯·芒福德 著，宋俊岭，李翔宁，周鸣浩 译. 城市文化［M］. 南昌：江西人民出版社，1991.

［6］Andres Duany，Elizabeth Plater-Zyberk，Jeff Speck. Suburban Nation：The Rise of Sprawl and the Decline of the American Dream［M］. San Francisco：North Point Press，2001.

［7］方明，董艳芳. 新农村社区规划设计研究［M］. 北京：中国建筑工业出版社，2006.

［8］Randall G. Arendt. Rural by Design：Maintaining Small Town Character［M］. New York：APA Planners Press，1994.

［9］McLaughlin Davidson. Builders of the Dawn Community Lifestyles in a Changing World［M］. Shutesbury：Sirius Publishing，1986.

［10］Jan Martin Bang. Ecovillages：A Practical Guide to Sustainable Communities［M］. Gabriola Island：New Society Publishers，2005.

［11］Liz Walker. EcoVillage at Ithaca：Pioneering a Sustainable Culture［M］. Gabriola Island：New Society Publishers，2005.

［12］Hildur Jackson，Karen Svensson. Ecovillage Living：Restoring the Earth and Her People［M］. San Francisco：Green Books，2002.

［13］Ian L. McHarg. Design with Nature［M］. New York：John Wiley & Sons，1995.

［14］Daniel E. Williams. Sustainable Design：Ecology，Architecture，and Planning［M］. New Jersey：John Wiley& Sons，2007.

［15］Douglas Farr. Sustainable Urbanism：Urban Design with Nature［M］. Hoboken：John Wiley & Sons，2007.

［16］Jan Lin，Christopher Mele. The Urban Sociology Reader［M］. New York：Routledge，2005.

［17］ Ruskin J. The Seven Lamps of Architecture［M］. New York：Dover Publications Inc，1989.

［18］ 世界环境与发展委员会著，王之佳，柯金良译. 我们共同的未来［M］. 长春：吉林人民出版社，1997.

［19］ Ebenezer Howard，Garden Cities of Tomorrow［M］. Cambridge：The MIT Press，1965.

［20］ Peter Hall. Cities of Tomorrow［M］. Cambridge：Wiley-Blackwell，2002.

［21］ 彼得·霍尔，科林·沃德著，黄怡译. 社会城市——埃比尼泽·霍华德的遗产［M］. 北京：中国建筑工业出版社，2009.

［22］ 埃比尼泽·霍华德著，金经元译. 明日的田园城市［M］. 北京：商务印书馆，2000.

［23］ 金经元. 近现代西方人本主义城市规划思想家：霍华德、格迪斯、芒福德［M］. 北京：中国城市出版社，1998.

［24］ 张京祥. 西方城市规划思想史纲［M］. 南京：东南大学出版社，2005.

［25］ Frank Lloyd Wright. The Disappearing City［M］. New York：W. F. Payson，1932.

［26］ David McCoy，Len A. Sanderson，J. D. Goins. Traditional Neighborhood Development（TND）Guidelines［M］. North Carolina：NCDOT Press，2000.

［27］ 简·雅各布斯著，金衡山译. 美国大城市的死与生［M］. 南京：译林出版社，2005.

［28］ 洪亮平. 城市设计历程［M］. 北京：中国建筑工业出版社，2002.

［29］ Peter Calthorpe，William Fulton. The Regional City：Planning for The End of Sprawl［M］. Washington：Island Press，2001.

［30］ Sim Van der Ryn，Peter Calthorpe. Sustainable Communities：A New Design Synthesis for Cities，Suburbs and Towns［M］. San Francisco：Sierra Club Books，1986.

［31］ 骆中钊，王学军，周彦. 新农村住宅设计与营造［M］. 北京：中国林业出版社，2008.

［32］ 杨国安. 晚清两湖地区基层组织与乡村社会研究［M］. 武汉：武汉大学出版社，2004.

［33］ 张良皋. 匠学七说［M］. 北京：中国建筑工业出版社，2004.

［34］ 罗兹·墨菲著，黄磷译. 亚洲史（第四版）［M］. 海口：海南出版社，2004.

［35］ 赛珍珠著，王逢振译. 大地三部曲［M］. 北京：人民文学出版社，2010.

［36］ 赵秀玲. 中国乡里制度［M］. 北京：社会科学文献出版社，1998.

［37］ 费孝通. 乡土中国［M］. 南京：江苏文艺出版社，2007（4）.

［38］ 张思. 近代华北村落共同体的变迁——农耕结合习惯的历史人类学考察［M］. 北京：商务印书馆，2004.

［39］ 汪之力，张祖刚. 中国传统民居建筑［M］. 济南：山东科学技术出版社，1994.

［40］ 日中联合民居调查团. 党家村：中国北方传统的农村集落［M］. 北京：世界图书出版社，1992.

［41］ 张壁阳，刘振亚. 陕西民居［M］. 北京：中国建筑工业出版社，1993.

［42］ Bill Hillier, Julienne Hanson. The Social Logic of Space［M］. Cambridge：Cambridge University Press，1984.

［43］ Bill Hillier. Space is the Machine：A Configurational Theory of Architecture［M］. Cambridge：Cambridge University Press，1996.

［44］ 江斌，黄波，陆锋. GIS环境下的空间分析和地学视觉化［M］. 北京：高等教育出版社，2002.

［45］ 朱东风. 城市空间发展的拓扑分析——以苏州为例［M］. 南京：东南大学出版社，2007.

［46］ 列斐伏尔著，李春译. 空间与政治（第二版）［M］. 上海：上海人民出版社，2008.

［47］ 郑时龄，薛密. 黑川纪章［M］. 北京：中国建筑工业出版社，1997.

［48］ 比尔·希利尔著，杨滔，张佶，王晓京译. 空间是机器［M］. 北京：中国建筑工业出版社，2008.

［49］ 芦原义信 著，尹培桐 译. 街道的美学［M］. 武汉：华中理工大学出版社，1989.

［50］ 段进. 城市空间发展论［M］. 南京：江苏科学技术出版社，2006.

［51］ E. M. Rogers著，殷晓蓉 译. 传播学史：一种传记式的方法［M］. 上海：译文出版社，2005.

［52］ 杨山. 乡村规划：理想与行动［M］. 南京：南京师范大学出版社，2009.

［53］ Gilg A. W. Countryside Planning［M］. London：Routledge，1996.

［54］ Gallent N., M. Juntti. Introduction to Rural Planning［M］. London and New York：Routledge，2007.

［55］ Kenneth T. Jackson. Crabgrass Frontier：The Suburbanization of the United States ［M］. Oxford：Oxford University Press，1987.

［56］ 叶齐茂. 发达国家乡村建设——考察与政策研究［M］. 北京：中国建筑工业出版社，2008.

［57］ 叶剑平，张有会. 一样的土地，不一样的生活［M］. 北京：中国人民大学出版社，2010.

［58］ Bart R. Johnson, Kristina Hill. Ecology and Design：Frameworks for Learning［M］. Washington：Island Press，2002.

［59］ David W. Orr. The Nature of Design［M］. New York：Oxford University Press，2002.

［60］ 郭焕成，吕明伟，任国柱. 休闲农业园区规划设计［M］. 北京：中国建筑工业出版社，2007.

［61］ 约翰·冯·杜能 著，吴衡康 译. 孤立国同农业和国民经济的关系［M］. 北京：商务印书馆，1997.

［62］ 郭淑敏. 都市型农业土地可持续利用问题研究——以北京市顺义区为例［D］. 北京：中国农业大学，2004.

［63］ R．M．Keesing著，甘华鸣等译. 文化·社会·个人［M］. 沈阳：辽宁人民出版社，1988.

［64］ 凯文·林奇 著，林庆怡 译. 城市形态［M］. 北京：华夏出版社，2001.

［65］ 段进. 城市空间发展论［M］. 南京：江苏科学技术出版社，2006.

［66］ 马忠玉. 城市可持续发展研究［M］. 银川：宁夏人民出版社，2006.

［67］ 世界环境与发展委员会 著，王之佳 译. 我们共同的未来［M］. 长春：吉林人民出版社，1997.

［68］ 马忠玉. 城市可持续发展研究［M］. 银川：宁夏人民出版社，2006.

［69］ 周密，王华东，张义生. 环境容量［M］. 长春：东北师范大学出版社，1987.

［70］ 顾朝林. 集聚与扩散——城市空间结构新论［M］. 南京：东南大学出版社，2000.

［71］ 汪晓敏，汪庆玲. 现代村镇规划与建筑设计［M］. 南京：东南大学出版社，2007.

［72］ 陈秉钊. 上海郊区小城镇人居环境可持续发展研究［M］. 北京：科学出版社. 2001.

［73］ Robert L. France. Handbook of Water Sensitive Planning and Design［M］. New Jersey：CRC Press. 2002.

［74］ Peter Buchanan. Ten Shades of Green-Architecture and the Natural World［M］. New York：Architectural League. 2005.

［75］ Peter Katz. The New Urbanism：Toward an Architecture of Community［M］. New York：McGraw-Hill. 1994.

连续出版物：

［76］ 王茜. 社科院等发布城市蓝皮书——中国城镇化规模居世界第一［J］. 现代园林，2010（7）：71.

［77］ 陈喜，宋海波. 我国城乡居民收入差距成因分析［J］. 经济视角，2010（6）：47～50.

［78］ 张晓雯，胡燕. 田园城市：城乡一体的城市理想形态［J］. 成都：成都大学学报（社科版），2010（3）：1～4.

［79］ 叶齐茂. 英美小城镇规划的经验与教训——对英美著名小城镇规划师Randall Arendt先生的电话访谈［J］. 国外城市规划，2004（3）：69～71.

［80］ 叶齐茂. 京郊百村基础设施和公共服务设施的现实与追求［J］. 北京规划建设，2006（3）：33～35.

［81］ 韩非，张天柱. 生态农业社区的规划设计与旅游开发研究——以江苏省无锡市唯琼生态农业社区为例［J］. 资源开发与市场，2007（5）：474～475.

［82］ 张晓鸿，陈东田. 沟谷型观光农业园区规划——以九顶山生态农业社区为例［J］. 山

东林业科技，2006（6）：42～44.

［83］张蔚. 生态村——一种可持续社区模式的探讨［J］. 建筑学报，2010（学术论文专刊）：112～115.

［84］罗杰威，梁伟仪. 生态村——生态居住模式概述［J］. 天津大学学报（社会科学版），2010（1）：50～53.

［85］黄立洪，林文雄. 生态村建设过程中农民意愿行为的实证分析［J］. 西南农业大学学报（社会科学版），2010（8）：78～80.

［86］方明，董艳芳，白小羽. 注重综合性思考，突出新农村特色——北京延庆县八达岭镇新农村社区规划［J］. 建筑学报，2006（11）：19～22.

［87］方明，董艳芳，赵辉. 承继地方传统特色，构筑北方现代新村——记北京市平谷区将军关村规划［J］. 小城镇建设，2005（11）：90～93.

［88］王伟强，丁国胜. 中国乡村建设实验演变及其特征考察［J］. 城市规划学刊，2010（2）：79～85.

［89］陈鹏. 基于城乡统筹的县域新农村建设规划探索［J］. 城市规划，2010（2）：47～53.

［90］陈伟峰，赖浩锋. 天津"宅基地换房"调研报告［J］. 国土资源，2009（3）：14～16.

［91］苑清敏，薛晓燕. 城乡结合部土地集约利用研究——天津华明镇模式［J］. 江西农业大学学报（社科版），2009（6）：5～7.

［92］青仿，杨红军. 天津市华明镇示范镇宅基地换房小城镇发展模式简析［J］. 小城镇建设，2010（5）：17～19.

［93］叶齐茂. 那里农村社区发展有四条值得借鉴的经验——欧盟十国农村建设见闻录四［J］. 小城镇建设，2007（1）：43～44.

［94］侯晓露，万钊. 英国农村战略中的社区建设［J］. 农业经济问题，2010（6）：48～49.

［95］闫琳. 英国乡村发展历程分析及启发［J］. 北京规划建设，2010（1）：24～29.

［96］石嫣. 美国"社区支援农业"模式［J］. 理财，2009（4）：41～42.

［97］Robert C. Gilman. The Eco-Village Challenge［J］. Living Together，1991（29）：10.

［98］申庆涛. 论生态文明伦理观下生态农业社区规划创新理念［J］. 乡镇经济，2008（5）：46～49.

［99］周静海，刘亚臣，孔凡文. 小城镇建设可持续发展评价指标体系研究［J］. 沈阳建筑工程学院学报（自然科学版），2001（10）：265～267.

［100］甘信奎. 城镇化主导下的社会变迁与农村社区的现代特征［J］. 理论学刊，2008（9）：59～61.

［101］吴惠芳. 流动的丈夫留守的妻［J］. 中国农业大学学报（社会科学版），2009（4）：167～169.

［102］杨清媚. 知识分子心史——从ethnos看费孝通的社区研究与民族研究［J］. 社会学研究，2010（4）：20～49.

［103］David W. M，David M.C. Sense of Community：A Definition and Theory［J］. Journal of Community Psychology，1986（12）：6～11

［104］李长虹，刘丛红.贵族与平民——英国可持续建筑两种设计倾向的比较［J］.哈尔滨工业大学学报（社科版），2010（6）：19～24.

［105］Frank Lloyd Wright. Broadacre City：A New Community Plan［J］. Architectural Record，1935（4）：344～349.

［106］陈伯君.“逆城镇化”趋势下中国村镇的发展机遇——兼论城镇化的可持续发展［J］.社会科学研究，2007（3）：58～68.

［107］戴晓晖. 新城市主义的区域发展模式——Peter Calthorpe的《下一代美国大都市地区：生态、社区和美国之梦》读后感［J］. 城市规划汇刊，2000（5）：77～80.

［108］沈克宁. DPZ与城市设计类型学［J］. 华中建筑，1994（2）：31～32.

［109］王慧. 新城市主义的理念与实践、理想与现实［J］. 国外城市规划，2002（3）：35～38.

［110］刘铨. 关于“新城市主义”的批判性思考［J］. 建筑师，2006（3）：60～63.

［111］陈剑峰. 试述宋至明清时期杭嘉湖地区人地关系的调试［J］. 东岳论坛，2008（4）：121～125.

［112］贺雪峰. 中国传统社会的内生村庄秩序［J］. 文哲史，2006（4）：150～155.

［113］唐毅，孟庆林. 广州高层住宅小区风环境模拟分析［J］. 西安建筑科技大学学报（自然科学版），2001（4）：352～356

［114］李长虹，舒平. 本土与外来——双重文化影响下的天津近代城市住宅［J］. 华中建筑，2010（6）：126～128.

［115］王珍吾，高云飞，孟庆林，赵立华，金玲. 建筑群布局与自然通风关系的研究［J］. 建筑科学，2007（6）：24～27.

［116］贾林华.《大地》：中国传统乡村社会的原生态艺术再现［J］. 华北电力大学学报（社科版），2004（4）：69～72.

［117］傅衣凌. 中国传统社会：多元的结构［J］. 中国社会经济史研究，1988（3）：1～7.

［118］章光日. 徽州传统山村聚落形态的生成模式与演化机制研究［J］. 安徽农业科学，2007（32）：10503～10504.

［119］黄珂星，葛淮京，龚恺. 青岩古镇的空间形态浅析［J］. 小城镇建设，2007（1）：81～84.

［120］王路. 村落的未来景象——传统村落的经验与当代聚落规划［J］. 建筑学报，2000（11）：16～22.

［121］杨滔. 说文解字：空间句法［J］. 北京规划建设，2008（1）：75～81.

［122］张愚，王建国. 再论“空间句法”［J］. 建筑师，2004（6）：33～44.

［123］Bafna S. Space syntax: a brief introduction to its logic and analytical techniques［J］. Environment and Behavior, 2003Vol.35 No.1: 17～29.

［124］陈仲光，徐建刚，蒋海兵. 基于空间句法的历史街区多尺度空间分析研究——以福州三坊七巷历史街区为例［J］. 城市规划，2009（8）：92～96.

［125］杨滔. 从空间句法角度看可持续发展的城市形态［J］. 北京规划建设，2008（4）：93～100.

［126］王向波，武云霞. 在继承中发展——关中传统民居的现代化尝试［J］. 建筑，2007（5）：108～110.

［127］Bill Hillier 著，赵兵 译. 空间句法——城市新见［J］. 新建筑，1985（1）：62～72.

［128］Ruth Conroy Dalton. 空间句法与空间认知［J］. 世界建筑，2005（11）：41～45.

［129］Bill Hillier. 场所艺术与空间科学［J］. 世界建筑，2005（11）：82～86.

［130］闫琳. 英国乡村发展历程分析及启发［J］. 北京规划建设，2010（1）：24～29.

［131］Robert W. Burchell, Sahan Mukherji. Conventional Development Versus Managed Growth: The Costs of Sprawl［J］. Research and Practice, 2003（9）：1534～1540/

［132］孙群郎. 当代美国郊区的蔓延对生态环境的影响［J］. 世界历史，2006（5）：15～26

［133］叶齐茂. 国外村镇规划设计的理念［J］. 城乡建设，2005（4）：66～69.

［134］叶齐茂. 家园——当今可持续发展村庄的最佳设计［J］. 城乡建设，2005（1）：72.

［135］宋序彤. 关于实践生态城市的解析［J］. 城市发展研究，2003，10（6）：71～75.

［136］叶齐茂. 欧盟十国乡村社区建设见闻录［J］. 国外城市规划，2006（4）：109～113.

［137］Wendy Priesnitz. Food-Miles and the Relative Climate Impacts of Food Choices in the United States［J］. Environmental Science & Technology, 2008v42n10: 3508～3513.

［138］杨贵庆. 大城市周边地区小城镇人居环境的可持续发展［J］. 城市规划汇刊，1997（2）：55～61.

［139］David W. M, David M.C. Sense of Community: A Definition and Theory［J］. Journal of Community Psychology, 1986, 14（1）：6～23.

［140］William Alonso. The Economics of Urban Size［J］. Regional Science, 1971（1）：67～83.

［141］陈卓咏. 最优城市规模理论与 实证研究评述［J］. 国际城市规划，2008 Vol.23, No.6：76～80.

［142］Capello R., Camagni R.. Beyond Optimal City Size: An Evaluation of Alternative Urban Growth Patterns［J］. Urban Studies, 2000（9）：1479～1497.

［143］陈如勇. 中国适度人口研究的回顾与再认识［J］. 中国人口·资源与环境，2000（01）：31～33.

［144］高建昆. 适度人口问题研究综述［J］. 管理学刊，2010（2）：57～61.

［145］李涛，岳兴懋，范例. 赫尔曼·戴利及其生态经济理论评述［J］. 中国人口. 资源与环境，2006Vol16No2：27～31.

［146］梁鸣，沈耀良. 循环经济理念的发展与实践［J］. 华中科技大学学报（城市科学版），2004（6）：107～110.

［147］王新生，刘级远，庄大方，王黎明. 中国特大城市空间形态变化的时空特征［J］. 地理学报，2005（5）：392～400.

［148］角媛梅，胡文英，速少华 等. 哀牢山区哈尼聚落空间格局与耕作半径研究［J］. 资源科学，2006（5）：66～72.

［149］张俊良，彭艳. 我国小城镇人口规模问题研究［J］. 农村经济，2006（9）：102～104.

［150］杨贵庆. 社区人口合理规模的理论假说［J］.城市规划，2006（12）：49～56.

［151］俞燕山. 我国城镇的合理规模及其效率研究［J］. 经济地理，2000（3）：84～89.

［152］李晓燕，谢长青. 基于成本收益视角的小城镇人口规模实证研究［J］. 上海财经大学学报，2009（4）：84～89.

［153］杨贵庆. 社区人口合理规模的理论假说［J］.城市规划，2006（12）：49～56.

［154］董娜，程伍群，白永兵，张战晓. 保定市城市雨水利用的潜力与环境影响［J］. 安徽农业科学，2007Vol35No31：10018～10019.

［155］王莲芬. 网络分析法（ANP）的理论与算法［J］. 系统工程理论与实践，2001，（3）：44～50.

［156］宋序彤. 关于实践生态城市的解析［J］. 城市发展研究，2003，10（6）：71～75.

［157］范海霞，陈建业，李玲. 生态城市建设途径探析——以许昌生态建设为例［J］. 安徽农业科学，2010，38（27）：15436～5439.

［158］张新光. 中国近30年来的农村改革发展历程回顾与展望［J］.中国农业大学学报（社会科学版），2006（4）：19～23.

［159］冯晓英. "二元社会"：必须破解的制度性难题［J］. 城市问题，2002（4）：57～61.

［160］冯洁. 建设农村新社区推进城乡一体化［J］. 浙江经济，2007（15）：24～27.

［161］陆新元，熊跃辉，曹立平. 人与自然和谐是构建和谐社会的物质基础［J］. 中国人口、资源与环境，2005（3）：1～5.

学位论文：

［162］寻广新. 统筹城乡视域中的社会主义新农村建设研究［D］. 北京：中共中央党校研究生院，2007.

［163］李建桥. 我国社会主义新农村建设模式研究［D］. 北京：中国农业科学院研究生院，2009.

［164］董宪军. 生态城市研究［D］. 北京：中国社会科学院研究生院，2000.

［165］邵峰. 转型时期山东沿海农村城镇化模式及整合机制研究［D］. 天津：天津大学，2009.

［166］杨培峰. 城乡空间生态规划理论与方法研究［D］. 重庆：重庆大学，2002.

［167］王丽洁. 小城镇土地集约优化利用研究［D］. 天津：天津大学，2008.

［168］瞿宝喜. 东丽区新农村建设进程管理问题研究［D］. 天津：天津大学，2009.

［169］谭立峰. 河北传统堡寨聚落演进机制研究［D］. 天津：天津大学，2007.

［170］邱娜. 新农村规划中的公共空间设计研究——以陕西农村为例［D］. 西安：西安建筑科技大学，2010.

［171］任庆国. 我国社会主义新农村建设政策框架研究［D］. 保定：河北农业大学，2007.

［172］姚洪斌. 新农村建设的一体化路径研究［D］. 武汉：华中科技大学，2007.

［173］高娟. 基于网络层次分析对风险投资项目选择方法的研究［D］. 杭州：浙江大学，2009.

［174］李玉钦. 基于网络分析法（ANP）的水电工程风险分析方法研究［D］. 天津：天津大学，2007.

［175］孙永河. 基于非线性复杂系统观的 ANP 决策分析方法研究［D］. 长春：吉林大学，2009.

论文集：

［176］栗德祥，邹涛，王富平，等. 面向可持续的循环型低碳发展模式规划——以大连獐子岛生态规划项目为例［A］. 天津：香港天津可持续发展建筑技术专业研讨会论文集，2009：1～12.